"十四五"时期国家重点出版物出版专项规划项目

京津冀水资源安全保障丛书

超大型城市社会水循环健康诊断与调控

赵 勇 何 凡 李海红 王丽珍 等 著

科 学 出 版 社

北 京

内 容 简 介

随着北京市建设国际一流和谐宜居之都宏伟目标的提出，北京水资源安全保障问题再次受到广泛关注，面向北京这样一座超大型城市极为复杂的社会水循环系统，如何科学地刻画健康水循环机制，设定合理的水循环调控目标，以及找到可行的健康水循环路径等科学问题亟待解决。为此，本书从超大型城市社会水循环的视角，系统分析北京水资源安全保障态势与目标，研究北京社会水循环健康水平与调控路径，并以北京在今后最为重要且可能的新增水源——南水北调东线为重点，研判未来北京在不同发展情景下对南水北调东线的需求规模，并就南水北调东线二期工程供水规模、范围等提出相关建议。

本书可供水文水资源、水资源规划与城市规划等领域的科研、管理和教学人员阅读，可作为相关专业师生的专业读物，也可供关心首都可持续发展的热心人士参考阅读。

审图号：京 S(2024)043 号

图书在版编目（CIP）数据

超大型城市社会水循环健康诊断与调控／赵勇等著. —北京：科学出版社，2024.10

（京津冀水资源安全保障丛书）

ISBN 978-7-03-068420-2

Ⅰ.①超… Ⅱ.①赵… Ⅲ.①水循环–研究–北京②南水北调–需求–研究–北京 Ⅳ.①P339 ②TV68

中国版本图书馆 CIP 数据核字（2021）第 047797 号

责任编辑：王　倩／责任校对：樊雅琼
责任印制：徐晓晨／封面设计：无极书装

科学出版社 出版

北京东黄城根北街 16 号
邮政编码：100717
http://www.sciencep.com

北京建宏印刷有限公司印刷
科学出版社发行　各地新华书店经销

*

2024 年 10 月第 一 版　开本：787×1092　1/16
2025 年 3 月第三次印刷　印张：12 1/2
字数：300 000

定价：178.00 元

（如有印装质量问题，我社负责调换）

总　　序

　　京津冀地区是我国政治、经济、文化、科技中心和重大国家发展战略区，是我国北方地区经济最具活力、开放程度最高、创新能力最强、吸纳人口最多的城市群。同时，京津冀也是我国最缺水的地区，年均降水量为 538 mm，是全国平均水平的 83%；人均水资源量为 258 m³，仅为全国平均水平的 1/9；南水北调中线工程通水前，水资源开发利用率超过 100%，地下水累积超采 1300 亿 m³，河湖长时期、大面积断流。可以看出，京津冀地区是我国乃至全世界人类活动对水循环扰动强度最大、水资源承载压力最大、水资源安全保障难度最大的地区。因此，京津冀水资源安全解决方案具有全国甚至全球示范意义。

　　为应对京津冀地区水循环显著变异、人水关系严重失衡等问题，提升水资源安全保障技术短板，2016 年，以中国水利水电科学研究院赵勇为首席科学家的"十三五"重点研发计划项目"京津冀水资源安全保障技术研发集成与示范应用"（2016YFC0401400）（以下简称京津冀项目）正式启动。项目紧扣京津冀协同发展新形势和重大治水实践，瞄准"强人类活动影响区水循环演变机理与健康水循环模式"，以及"强烈竞争条件下水资源多目标协同调控理论"两大科学问题，集中攻关 4 项关键技术，即水资源显著衰减与水循环全过程解析技术、需水管理与耗水控制技术、多水源安全高效利用技术、复杂水资源系统精细化协同调控技术。预期通过项目技术成果的广泛应用及示范带动，支撑京津冀地区水资源利用效率提升 20%，地下水超采治理率超过 80%，再生水等非常规水源利用量提升到 20 亿 m³ 以上，推动建立健康的自然–社会水循环系统，缓解水资源短缺压力，提升京津冀地区水资源安全保障能力。

　　在实施过程中，项目广泛组织京津冀水资源安全保障考察与调研，先后开展 20 余次项目和课题考察，走遍京津冀地区 200 个县（市、区）。积极推动学术交流，先后召开了4 期"京津冀水资源安全保障论坛"、3 期中国水利学会京津冀分论坛和中国水论坛京津冀分论坛，并围绕平原区水循环模拟、水资源高效利用、地下水超采治理、非常规水利用等多个议题组织学术研讨会，推动了京津冀水资源安全保障科学研究。项目还注重基础试验与工程示范相结合，围绕用水最强烈的北京市和地下水超采最严重的海河南系两大集中示范区，系统开展水循环全过程监测、水资源高效利用以及雨洪水、微咸水、地下水保护与安全利用等示范。

　　经过近 5 年的研究攻关，项目取得了多项突破性进展。在水资源衰减机理与应对方面，系统揭示了京津冀自然–社会水循环演变规律，解析了水资源衰减定量归因，预测了未来水资源变化趋势，提出了京津冀健康水循环修复目标和实现路径；在需水管理理论与方法方面，阐明了京津冀经济社会用水驱动机制和耗水机理，提出了京津冀用水适应性增长规律与层次化调控理论方法；在多水源高效利用技术方面，针对本地地表水、地下水、非常规水、外调水分别提出优化利用技术体系，形成了京津冀水网系统优化布局方案；在水资源配置方面，提出了水–粮–能–生协同配置理论方法，研发了京津冀水资源多目标协同调控模型，形成了京津冀水资源安全保障系统方案；在管理制度与平台建设方面，综合应用云计算、互联网+、大数据、综合集成等技术，研发了京津冀水资源协调管理制度与平台。项目还积极推动理论技术成果紧密服务于京津冀重大治水实践，制定国家、地方、行业和团体标准，支撑编制了《京津冀工业节水行动计划》等一系列政策文件，研究提出的京津冀协同发展水安全保障、实施国家污水资源化、南水北调工程运行管理和后续规划等成果建议多次获得国家领导人批示，被国家决策采纳，直接推动了国家重大政策实施和工程规划管理优化完善，为保障京津冀地区水资源安全做出了突出贡献。

作为首批重点研发计划获批项目，京津冀项目探索出了一套能够集成、示范、实施推广的水资源安全保障技术体系及管理模式，并形成了一支致力于京津冀水循环、水资源、水生态、水管理方面的研究队伍。该丛书是在项目研究成果的基础上，进一步集成、凝练、提升形成的，是一整套涵盖机理规律、技术方法、示范应用的学术著作。相信该丛书的出版，将推动水资源及其相关学科的发展进步，有助于探索经济社会与资源生态环境和谐统一发展路径，支撑生态文明建设实践与可持续发展战略。

2021 年 1 月

前　　言

　　城市是人口、财富和文明的集中地，是人类活动最为强烈和经济社会发展最为活跃的地区。从人类社会经济发展过程来看，城市化是必然要经历的阶段，是社会进步的重要标志。2021年世界城市化率达到56%，预计到2050年，全世界70%的人口将集中在城市区域，特别是超大型城市。由于受到资源、技术、经济等条件约束，超大型城市水安全问题逐渐凸显，如何保障超大型城市水安全已经成为严峻的挑战。北京市作为超大型城市，《北京城市总体规划（2016年–2035年）》明确了北京市城市空间结构和发展方向，划定了北京市人口和建设用地的上限，提出到2035年，初步建成国际一流的和谐宜居之都，到2050年将建成更高水平的和谐宜居之都、具有全球影响力的大国首都和超大城市可持续发展的典范。随着北京市建设国际一流和谐宜居之都宏伟目标的提出，新时期水资源安全保障问题再次受到广泛关注。

　　南水北调东线工程是国家优化水资源配置、促进黄淮海地区经济社会可持续发展的重大战略性基础工程。2002年国务院批复的《南水北调总体规划》，并未将北京市纳入南水北调东线供水范围，但自规划批复以来，京津冀地区经济社会发展形势和水生态环境状况发生了重大变化。由于人口规模的持续扩张和经济社会的快速发展带来水资源需求刚性增长，京津冀协同发展战略的提出和国家生态文明建设又给北京提出了更高的要求，仅仅依靠南水北调中线单一长江水源已经无法保障北京市供水安全。为了保障北京市供水安全，笔者2014年向北京市政府提出"关于争取南水北调东线等新水源进京的建议"，提出需要从世纪工程和保证百年安全的角度看待南水北调东线工程对于北京的作用，迫切需要将北京纳入东线后期供水范围。这一建议得到了北京市和水利部的积极响应，2017年党中央、国务院批复的《北京城市总体规划（2016年–2035年）》明确要求开辟南水北调东线供水通道，2019年《南水北调东线二期工程规划报告》（报批稿）已经将北京市正式纳入南水北调东线后续工程规划范围。在此背景下，南水北调东线总公司作为国务院批准的南水北调东线建设、运行和管理主体，委托中国水利水电科学研究院，开展新时期首都水安全保障需求与东线后续工程规划建设、南水北调东线总公司能力建设等研究，预期通过研判新时代首都水安全保障需求，为南水北调东线后续工程规划建设提出建设性意见，同时也可为一期工程持续优化运行提供有益的借鉴。

　　本书研究工作得到国家自然科学基金（52025093、52061125101、51625904）、"十三五"国家重点研发计划项目（2016YFC0401400）、"十四五"国家重点研发计划项目（2021YFC3200200、2021YFC3200204）、中国工程院咨询研究项目（TM201403）、"国家水网工程布局与关键技术"水利部人才创新团队和中国水利水电科学研究院创新团队项目支持。

本书共分为 11 章。第 1 章由赵勇、褚俊英执笔；第 2 章由李海红、王丽珍、汪勇执笔；第 3 章由何凡、王丽珍、汪勇执笔；第 4 章由赵勇、李海红、王海叶执笔；第 5 章由赵勇、王庆明、师林蕊执笔；第 6 章由何凡、朱永楠、姚园执笔；第 7 章由赵勇、李海红、赵春红执笔；第 8 章由王丽珍、姜珊、赵春红、王　萌执笔；第 9 章由赵勇、何凡、翟家齐、王庆明执笔；第 10 章由何凡、常奂宇、李嘉欣执笔；第 11 章由赵勇、何凡执笔；全书由赵勇、王丽珍统稿。

在本书研究和撰写过程中，得到了王浩院士、周永潮教授、董庆研究员、高而坤司长等专家的大力支持和帮助，南水北调东线总公司提供了调研条件，在此一并表示感谢。超大型城市社会水循环健康调控仍处于探索阶段，本书研究仅是起到抛砖引玉的作用，相关研究还需要不断充实完善。由于作者水平所限，书中难免存在不当之处，恳请读者批评指正。

作　者

2023 年 8 月于北京

目　　录

第三部分　社会水循环健康调控

第一部分

社会水循环健康目标

|第1章|　超大型城市的社会水循环特征

1.1　中国超大型城市发展进程

1.1.1　中国城市化进程

城市是人类活动最为强烈的地区，是人口、财富及文明的集中地，是社会经济发展最活跃的区域。从人类社会经济发展过程来看，城市化是必然要经历的阶段，是社会进步的标志。

2011 年世界自然基金会（World Wide Fund for Nature，WWF）的研究表明，2050 年全世界 70% 的人口将集中在城市，特别是超大型城市。由于受到资源、技术、经济条件限制，超大型城市水安全问题尖锐，如何实现超大型城市水安全调控将成为当前其发展面临的重要挑战。

改革开放以来，中国城市人口稳步增长，城市化水平快速提高。受到政治、经济、文化等多种因素的影响，1840 年以来中国城市化经历了四个阶段（图 1-1），具体包括缓慢发展阶段（1840 ~ 1948 年）、稳定增加阶段（1948 ~ 1959 年）、波动下降阶段（1960 ~ 1977 年）、快速增加阶段（1977 年至今）。统计数据显示，1978 ~ 2021 年，我国城镇常住人口从 1.7 亿人增加到 9.1 亿人，城镇化率从 17.9% 提升到 64.7%，城市数量从 193 个增加到 661 个。京津冀、长江三角洲和珠江三角洲三大城市群，以 2.8% 的土地面积集聚了 18% 的人口，创造了 36% 的国内生产总值（gross domestic product，GDP），成为带动我国经济增长的重要平台。城市人口在未来一段时间仍将保持增长（任呆等，2019）。

随着城市化进程加快，我国原有的城市规模划分标准已难以适应城镇化发展等新形势要求。当前，我国城镇化正处于深入发展的关键时期，调整城市规模划分标准，有利于更好地实施人口和城市分类管理，满足经济社会发展需要（孙婷，2023）。2014 年，国务院以国发〔2014〕51 号印发《国务院关于调整城市规模划分标准的通知》，对原有城市规模划分标准进行了调整，明确了新的城市规模划分标准。以城区常住人口为统计口径，将城市划分为五类七档：城区常住人口 50 万以下的城市为小城市，其中 20 万以上 50 万以下的城市为Ⅰ型小城市，20万以下的城市为Ⅱ型小城市；城区常住人口50万以上100万以下的城市为中等城市；城区常住人口100万以上500万以下的城市为大城市，其中300万以上500万以下的城市为Ⅰ型大城市，100万以上300万以下的城市为Ⅱ型大城市；城区常住人口500万以上1000万以下的城市为特大型城市；城区常住人口1000万以上的城市为超大型城市。2014年我国特大城市有武汉、成都、南京、东莞、西安、沈阳、杭州、哈尔滨、香港、佛山等11座，上海、北京、重庆、天津、广州、深圳人口超过1000万，为超大型城市。

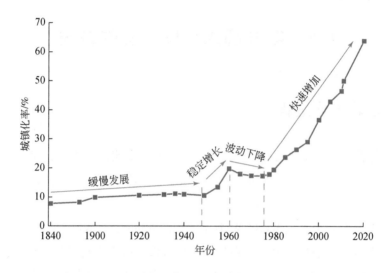

图1-1　1840年以来我国城市化发展变化规律

除了人口迅速增加外，城市空间迅速扩张也是我国城市化进程的另一突出特征，我国135个主要城市主城区面积相对于1970年扩展了近8倍，如表1-1所示。其中，京津冀、长三角和珠三角是城市扩张程度较为显著的区域，如广东省1996年建成区面积仅为1551.92km²，2021年却高达6582.70km²，增长率为324.16%，平均每年增长12.97%。

表1-1　我国135个主要城市空间扩展度

年份	主城区面积/km²	面积扩展/%	平均单一城市面积/km²	面积扩展/%
1970	4 277.8	—	31.6	—
1990	7 670.9	79.32	56.8	79.75
2000	14 511.7	239.23	100	216.46
2007	21 820.7	410.09	161.6	411.39
2014	30 835.7	620.83	228.4	622.78
2021	38 671.5	804.00	286.5	806.65

1.1.2 北京超大型城市表征

1) 城市人口将继续增长，但增速逐步放缓

城市化的首要表现是人口向城市的集中。北京作为首都，其人口在未来相当长时期内还将继续保持增长的态势，人口规模将继续增长。一是外来人口迁入将推动北京城市人口继续增长。截至2021年底，外来人口占北京常住总人口的比例高达38%，即不到3个常住人口中就有一个外来人口。在全国城市化基本完成之前，北京作为首都将继续吸引大量外来人口迁入。二是从国际经验看，世界城市人口占全国人口的比重普遍高于北京目前1.6%的水平，如伦敦为13.0%、东京为10.3%、巴黎为3.5%、纽约为2.6%。致力于建设具有中国特色世界城市的北京市未来仍有较大的人口增长空间。

人口增速将逐步放缓，无序膨胀有望转变为有序增长，从发展阶段来看，北京人口增量、增速均已出现下降趋势。自2001年以来，常住人口增量在经历了十年的快速增长于2010年达到峰值后开始出现下降，其中2021年常住人口下降规模为0.4万，与上年同比增长率为-0.02%。考虑到多年来户籍人口保持相对稳定的刚性增长，常住外来人口是常住人口快速增长的主要因素，其人口变动基本保持与常住人口变动相同的态势，2021年增量规模为-4.8万。北京将严格控制人口过快增长，加快疏解非首都核心功能，也将促使城市人口从无序膨胀向有序增长转变（梁昊光等，2014）。

2) 风险结构多元复杂

超大型城市作为人口、交通、资本、技术等要素高度聚集的社会空间，在产生集聚效应和规模经济的同时，蕴藏了许多重大安全风险，引起人们的高度关注。目前，北京市风险呈现多元化、叠加化、互动化的趋势，既有"自然风险"也有"人为风险"。受空间结构、人口因素、社会生产生活以及政治经济等因素的影响，超大型城市风险治理存在风险预警、次生风险危机、公共管理和风险协同治理等困境，需要强化超大型城市风险治理。风险治理如果单纯依靠传统的人力等手段，难以有效预防和及时化解。例如，城市交通、人口、卫生、安全等各领域数据采集缺乏技术手段，主要依靠人工手段，耗费大量资源，效率低下。又如，地下空间监控、道路维护、安全巡检、污染物排放监控等停留在人眼识别、人工把守的传统管理阶段，难以掌控可能发生的涝灾、火灾、塌方、危化品爆炸等突发险情。面对复杂多变的现代风险社会，传统城市管理根本无法应对，要求加快推进风险治理的智能化转变。

3) 城市空间格局不断优化，区域协同发展水平不断提高

中心城区实现有效疏解，新城成为未来城市化主要增长点。从城市内部空间结构的微观层面来看，北京未来将呈现"分散"趋势，产业和人口将更为均衡地在中心城和新城分布。北京市的主动调控将不断促进城市空间结构的优化。近年来，为打破传统的"中心-边缘"空间发展模式，北京做出了很多努力，提出了"核-主-副，两轴多点一区"城市空间结构的城市空间格局，构建了"两城两带、六高四新"的战略发展高地，加快了以50个村为代表的城乡接合部改造步伐，积极推动了通州、顺义、亦庄等新城以及42个重点镇建设，统筹城乡协调发展的成绩显著。2010～2021年北京常住人口增量也主要分布在拓展区和发展新区，占全市人口增量的比重分别为52.38%和43.46%，二者合计占比高达95.84%。

1.2 超大型城市社会水循环特征和演变

1.2.1 超大型城市社会水循环模式

随着流域经济的发展和人口的增长，超大型城市水循环已从"自然"模式占主导逐渐转变为"自然-人工"二元模式，人类活动对水循环的影响更为深远（王浩和贾仰文，2016；王浩等，2016），如图1-2所示。在该模式中，超大型城市的自然水循环主要体现在大气系统、地表系统、土壤系统以及地下系统之间通过水文过程各要素（如入渗、产流、汇流和蒸发）等实现的相互作用关系；超大型城市的社会水循环主要体现在"供水—用水—排水—回用"等多个环节的构建，使得超大型城市自然水循环路径不断延展，促进社会水循环的结构日趋复杂。超大型城市自然水循环和社会水循环之间此消彼长，形成耦合互动的独特模式。

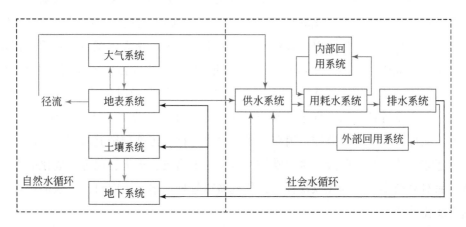

图 1-2　超大型城市二元水循环模式

其中，针对超大型城市的社会水循环而言，其系统的详细结构如图1-3所示。超大型城市的社会水循环系统是指为实现特定的经济社会服务功能，水分在城市经济社会系统中赋存、运移、转化过程的统称。超大型城市社会水循环主要包括供水、用水、耗水、排水与回用等多个环节，整个系统或主要环节通量与结构的失衡是导致超大型城市水问题的主要原因。

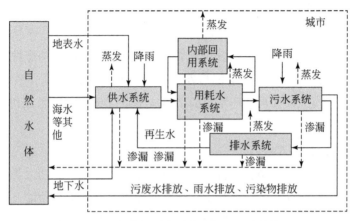

图 1-3　超大型城市社会水循环系统结构

总体上看，社会水循环系统可概化为供（取）水、用（耗）水、排水（处理）与回用四个子系统。其中，供（取）水系统是社会水循环的始端和将自然水循环引入社会经济系统的"牵引机"；用（耗）水系统是社会水循环的核心，是社会经济系统"同化"取得水的各种价值及使水资源价值不断耗散的一整套流程；污水处理与回用系统是伴随社会经济系统水循环通量和人类环境卫生需求而产生的循环环节，如同社会水循环系统的"静脉"和"肝脏"，是构建健康良性的社会水循环的关键；排水系统是社会水循环的"汇"及与自然水循环的联结节点，发挥"肾"功能和"异化"社会经济系统废污水的重要作用。

可以说，社会水循环是由发挥不同功能的过程和环节组成的有机体，具有明显的同化过程和异化过程，即人类从自然水循环系统中将水"提取"到社会经济系统中，"同化"水的经济属性、社会属性、环境属性以及生态属性，利用水的可再生属性（水处理和再生回用）为人类谋福利；同时，"异化"社会经济系统的"垃圾"，排出废污水到自然水循环系统。整个社会水循环的过程，具有典型的生命体的新陈代谢特征。"新陈代谢"形象地概括了水在城市人类社会的基本运动过程及与人类赖以生存的自然界尤其是水系统之间的关系。

1.2.2　超大型城市社会水循环特征

超大型城市社会水循环具有以下特征。

1）社会水循环广泛性

当今人类足迹几乎已无处不至，有人类活动的地方，社会水循环就会产生，水与人类及其活动时刻相伴并相互作用。随着人类活动范围的不断扩大和活动强度的不断增加，社会水循环已成为水运动的一个基本过程，具有最显著的广泛性。

2）复杂巨系统开放性

社会水循环复杂性的根源在于人类社会经济系统的高度复杂性。水资源系统的组成部分种类繁多，各组成部分之间的关联方式非常复杂，具有非线性、动态性和模糊性等复杂巨系统的特点。同时，社会水循环系统与外界环境（包括自然水循环系统）之间具有物质、能量和信息的交换，社会水循环系统的个体或子系统具有学习能力和适应性，有开放性特点。

3）驱动机制二元性

社会水循环演变的驱动机制包括自然驱动机制和社会驱动机制两大类。自然驱动机制是水循环产生和得以持续存在的自然基础，社会驱动机制是水资源功能及价值通过水循环过程得以发挥和体现的社会基础。因此社会水循环驱动机制具有二元性，即"自然-社会"二元性。

4）循环方向不确定性

自然水循环在重力势能和太阳能的驱动下，循环过程在地理空间上总体上按"水往低处流"的垂直方向运动，循环方向相对确定。而社会水循环运动方向受人类主观意志和价值判据的影响和制约，运动方向具有强烈的不确定性。

5）循环路径依赖性

人类社会中的技术演进或制度变迁均有类似于物理学中的惯性，即一旦进入某一路径（无论是"好"还是"坏"）就可能对这种路径产生依赖。正如前述，受人类主观意志和价值判据（如水开发利用政策和水管理制度）的影响与制约，社会水循环和社会制度变迁一样，其演化和进步表现为一个循序渐进的过程，具有较大的路径依赖性。

6）循环效应增值性

社会水循环的增值性与水资源的经济属性密切相关。社会水循环的过程也是人类创造、积累财富的过程。随着人口增加和科技进步，社会水循环过程逐渐延长，循环频率加快，效率效益不断提高，社会经济发展水平不断上升，社会水循环过程具有明显的增值性。

7）循环过程传递性

社会水循环的传递特性源于水的流动性和经济服务功能。从上游到下游、从源头到末端，水资源的价值随着开发利用被不断挖掘释放，出流的水资源价值不断减小，入流源头的水资源价值得到充分发挥和体现，即具有连续的逆向传递特性。

8）循环量质外部性

水资源是水量和水质的统一体。社会水循环的水耗散过程，使其时常伴随着负外部性；人类调控自然水循环的演替方向为社会经济系统所用，因此对于人类而言，健康的社会水循环以正外部性居多。从社会水循环的时空性分析，在时间上，社会水循环对后代既有正的外部性，也有负的外部性，其关键是看净效益；在空间上，上游地区的社会水循环一般会给下游地区带来不同程度的负外部性。

1.2.3 超大型城市社会水循环演变

从演变趋势看，超大型城市社会水循环系统的发展具有以下五大特征。

1）超大型城市社会水循环通量趋于稳定并开始缓慢减少

随着城市人口的增加和城市面积的扩张，城市社会水循环通量不断增加。我国水资源开发利用量已从 1949 年的 1031 亿 m³ 增加到 2017 年的 6043 亿 m³（中华人民共和国水利部，2017）。受到水资源条件、生态需水保障等方面的制约和影响，超大型城市通过不断实现技术进步和进行结构调整，通量将趋于稳定或缓慢减少。通常，农业和工业用水通量逐步下降，生活用水通量不断增加，社会水循环总通量趋于稳定或缓慢减少。

2）超大型城市社会水循环的污废水排放日益集中

超大型城市高强度用耗水过程带来污废水的大规模排放。例如，水污染防治不能满足社会经济发展要求，大规模污染负荷进入水体将造成严重的水污染问题，进而加剧城市水资源短缺的矛盾。

3）超大型城市社会水循环的路径不断延展

超大型城市社会水循环的路径由原始的"取水—用水—排水"逐步延展为"取水—给水处理—配水—一次利用—重复利用—污水处理—再生回用—排水"。社会水循环路径的延展使得水资源在发挥原有的生态、经济属性功能的基础上，发挥了社会服务功能和经济服务功能，为经济社会带来更多的社会经济价值。

4）超大型城市社会水循环的结构日趋复杂

超大型城市社会水循环系统内部通常包括若干个闭路循环子系统，如城市再生利用子系统、企业循环用水子系统以及社区中水利用子系统等，其结构日趋复杂，不确定性日益增加。图 1-4 给出了超大型城市典型生活小区的水循环路径。

5）超大型城市社会水循环与自然水循环分离特性日益明显

随着人类文明的发展和卫生的要求，超大型城市通常建设了大规模的管网系统，具体包括供水管网、污水管网、雨水管网、再生水管网、直饮水管网等。这些复杂的管网系统改造减少了地下渗漏量，使得社会水循环系统与自然水循环系统不断分离。此外，城市污水处理回用和循环利用减少了排放量，降低了对自然水体的扰动程度。

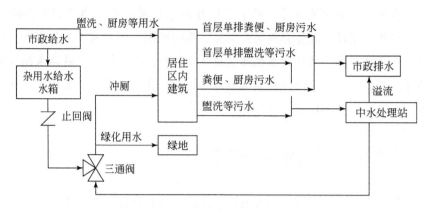

图 1-4 超大型城市典型生活小区的水循环路径

| 第 2 章 | 　　北京水安全保障基本态势研判

2.1　北京水资源安全保障现状

2.1.1　用水总量缓慢增加，新水取用量保持稳定

近年来北京市持续开展综合节水工作，通过产业结构不断优化、节水工艺采用，以及节水精细化管理等，抑制了用水总量的迅速增长，经济社会用水总量自20世纪90年代中后期开始，经历了短暂的下降过程。21世纪开始，随着人口的持续增长、环境用水要求的提升，以及节水潜力的前期释放，全市用水总量呈现缓慢增长的态势，2021年用水总量达到40.8亿 m³，较2004年增长6.25亿 m³（图2-1）。

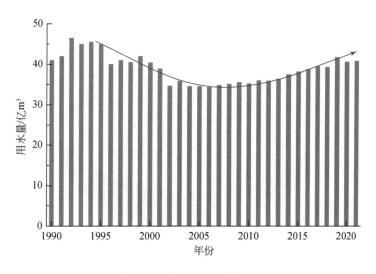

图 2-1　历年北京市总用水量

尽管北京市用水总量缓慢增长，但是由于节水与非常规水的充分利用，自20世纪90年代中期，全市新水取用总量持续下降，近几年保持稳定。1994年北京市新水取用总量为45.87亿 m³，2021年仅为28.8亿 m³，下降了37%（图2-2）。

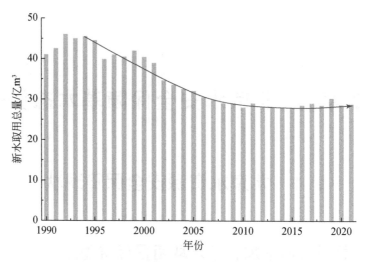

图 2-2　历年北京市新水取用总量

2.1.2　用水结构显著变化，生活生态用水逐年增加

北京市用水结构不断优化，2021 年北京市用水总量为 40.8 亿 m³，其中生活用水 18.4 亿 m³，占用水总量的 45.1%；生态环境用水 16.68 亿 m³，占用水总量的 40.8%；工业用水 2.94 亿 m³，占用水总量的 7.2%，农业用水 2.81 亿 m³，占用水总量的 6.9%（图 2-3）。

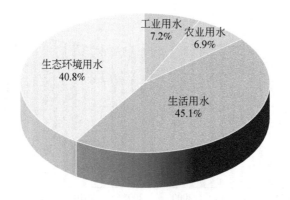

图 2-3　2021 年北京市用水结构

北京市用水结构呈现"两增两减"的趋势（图 2-4），在 1990～2021 年工业用水和农业用水因用水效率提高并且受严格管控影响，呈逐年下降趋势，占比分别由 30% 和 53% 下降到 7.2% 和 6.9%。生活用水受人口规模膨胀、生活质量提高的影响，用水量持续上升，占比由 17% 提升到 45.1%。近些年来，生态环境用水逐渐被重视起来，河道基流、湖泊水系、市政绿化等用水量大幅增加，2012 年生态环境用水量首次超过了工业用水量。

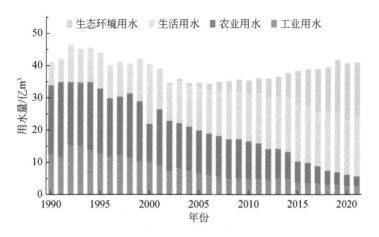

图 2-4　历年北京市用水结构变化情况

2.1.3　用水效率显著提升

在综合节水措施下，北京市用水效率显著提升。一方面，人均用水量大幅下降，2021 年北京市人均用水量 186.4m³，比 2001 年的人均用水量 281m³ 下降了 33.67%（图 2-5）。另一方面，万元 GDP 用水量逐年下降，2017 年为 14.1m³，仅为 2001 年的 10%；2021 年约为 8.19m³，不到 2001 年的 15%（图 2-6）。

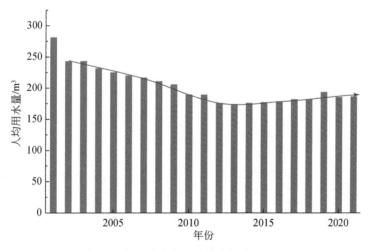

图 2-5　历年北京市人均用水量变化情况

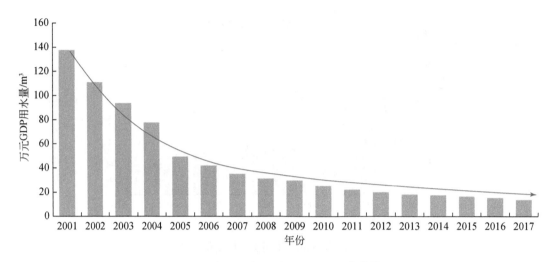

图 2-6   历年北京市万元 GDP 用水量变化情况

1．用水效率国内对比

南水北调东中线受水区除江苏省外均是水资源短缺的地区，也是用水效率较高的地区，因此本次将北京市用水效率与该区域其他城市进行详细对比。

1）万元 GDP 用水量比较分析

2016 年，北京市万元 GDP 用水量约为 15.8m³，仅为全国平均水平的 19%，与南水北调受水区其他城市对比情况如图 2-7 所示，北京市用水整体效率处于较高水平。

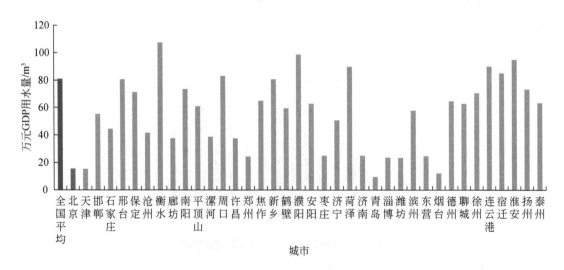

图 2-7   2016 年受水区各地市万元 GDP 用水量

2）工业用水效率比较分析

2016 年，北京市万元工业增加值水耗约为 8.34m³，比 2005 年的 41.8m³ 下降 80%，不足 2002 年的十分之一，随着北京市工业结构的不断调整与升级，工业行业整体用水效率不断提高。2016 年北京市万元工业增加值用水量与南水北调受水区其他城市对比情况如图 2-8 所示，北京市工业用水整体效率处于较高水平。

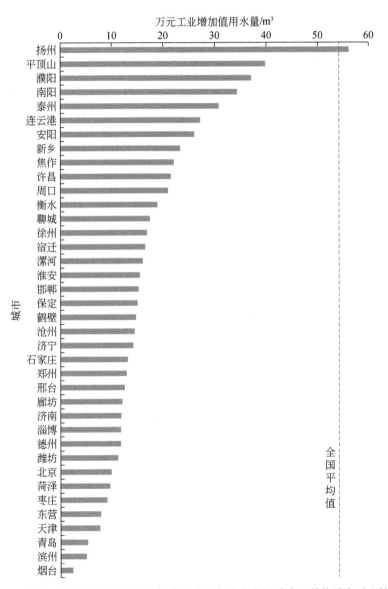

图 2-8 2016 年北京市万元工业增加值用水量与南水北调受水区其他城市对比情况

3）农业用水效率比较分析

2016 年北京市农业用水 6.1 亿 m³，占总用水量的 16%，较 2005 年下降 54%。如图 2-9

所示，灌溉水有效利用系数达到 0.723，高于全国平均水平 0.542，也比南水北调受水区的大部分城市高。

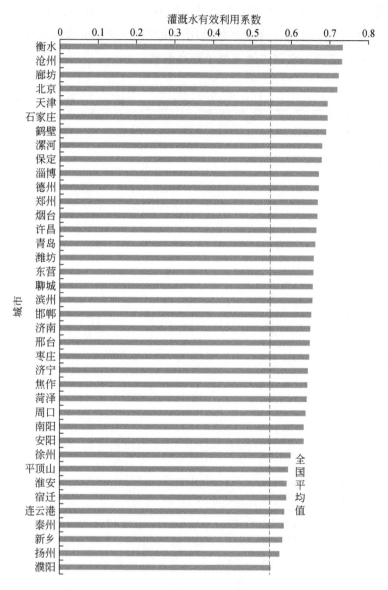

图 2-9　2016 年北京市农田灌溉水有效利用系数与受水区其他城市对比图

截至 2016 年，北京市实施节水灌溉面积 429 万亩①，占总灌溉面积的 90% 左右。节水措施方面，再生水灌溉控制面积已达 60 万亩，建成 1000 处农村雨洪利用工程，蓄水能力

---

① 1 亩≈666.67m²。

达到 2800 万 m³。总灌溉面积减少,节水灌溉面积增加,使得近年来北京市农业用水逐年降低。

2. 用水效率国际对比

从国际对比来看,北京市人均用水量只为智利的8%,在所获取的35个国家和地区中排名倒数第三,属于水资源严重短缺地区(图2-10);万美元GDP用水量处于国际上游水平,仅次于荷兰(图2-11);万美元工业增加值用水量属于国际先进水平,优于新加坡(图2-12)。

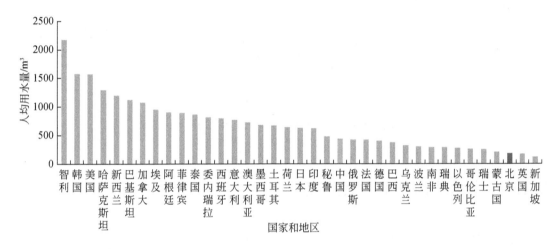

图 2-10 2016 年人均用水量国际对比情况

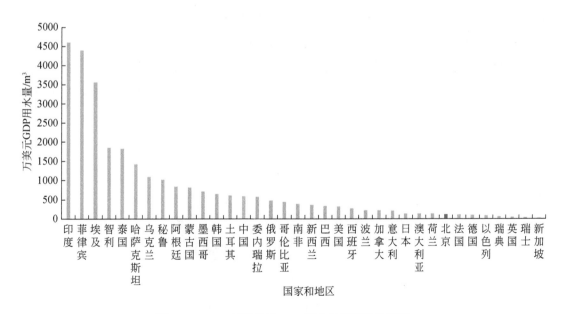

图 2-11 2016 年万美元 GDP 用水量国际对比情况

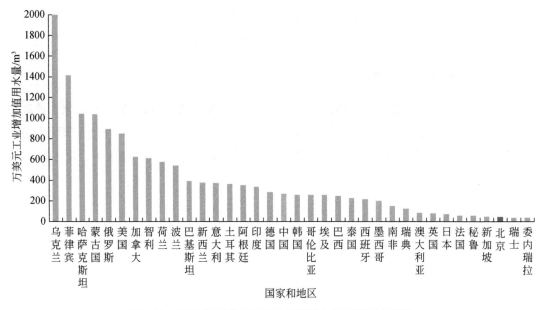

图 2-12　2016 年万美元工业增加值用水量国际对比情况

2.1.4　供水结构发生重大改变

　　长期以来北京市以地下水供水为主，特别是 20 世纪 90 年代以来，区域水资源持续衰减，用水量激增，造成大规模地下水开采。2003 年以来，北京市逐步推进再生水利用，并持续加大利用力度，一定程度上缓解了水资源短缺形势。近几年，特别是 2014 年南水北调中线通水以后，外调水在供水体系中逐渐发挥了巨大作用，北京市供水结构发生了重大改变。2017 年北京市供水总量为 39.51 亿 m³，其中地表水供水 3.57 亿 m³，占 9%，地下水供水 16.61 亿 m³，占 42%，再生水供水 10.51 亿 m³，占 27%，外调水供水 8.82 亿 m³，占 22%（图 2-13 ~ 图 2-16）。

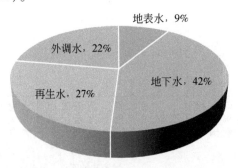

图 2-13　2017 年北京市供水结构

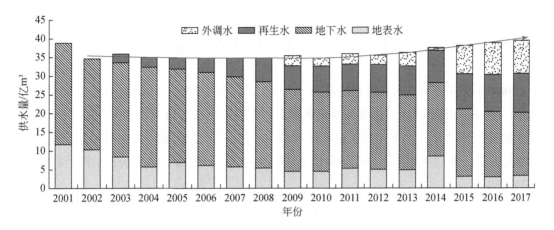

图 2-14　北京市历年供水结构变化情况

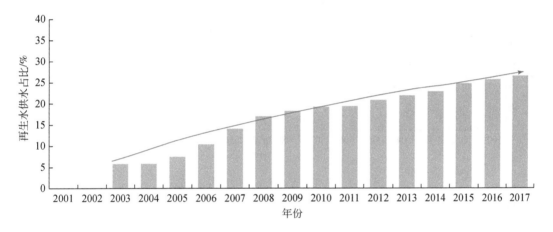

图 2-15　北京市历年再生水供水占比情况

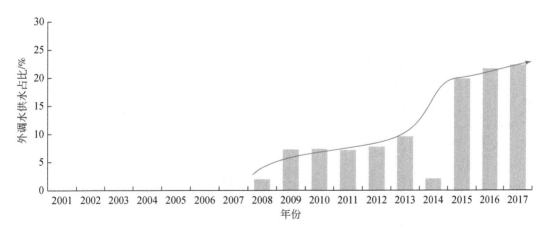

图 2-16　北京市历年外调水供水占比情况

2.1.5 地下水超采治理取得成效，地下水位得到有效控制

2004 年北京市地下水开发利用量为 26.8 亿 m³，占比 78%，达到历史最高，年超采量接近 10 亿 m³。随着再生水供水和外调水供水的增加，北京市地下水供水占比自 2004 年逐步下降，至 2017 年，地下水供水量下降到 16.61 亿 m³，仅为 2004 年的 62%（图 2-17）。2015 年开始，北京市地下水开采量持续低于区域地下水资源量，地下水超采得到有效遏制（图 2-18）。

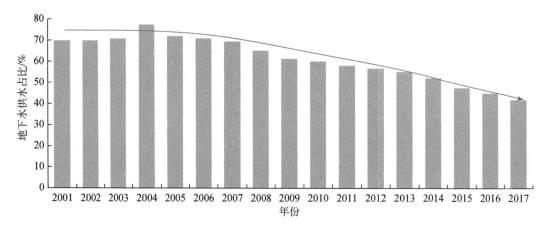

图 2-17　北京市历年地下水供水占比情况

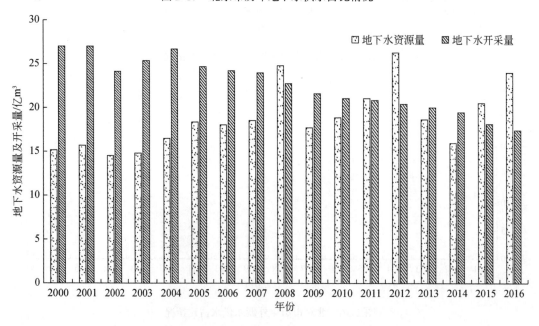

图 2-18　北京市历年地下水资源量及开采量

2.2 北京水资源安全保障发展趋势

2.2.1 本地可供水量呈衰减态势，外调水依赖程度逐步增加

自20世纪末，北京市本地可供水量呈现衰减态势。根据1956~2000年水资源评价成果，北京水资源总量为37.4亿 m³，其中地表水资源量17.7亿 m³、地下水资源量25.6亿 m³。而近一个时期北京水资源急剧衰减，根据1999~2011年水资源评价成果，北京市平均降水为481mm，比1956~2000年的多年平均降水585mm少了将近18%，地表水资源量为21.6亿 m³，比1956~2000年平均地表水资源少了42%（图2-19），入境水量也由1956~2000年的21.1亿 m³锐减到4.7亿 m³。1999~2017年，仅有3年降水量超过1956~2000年多年平均水平。

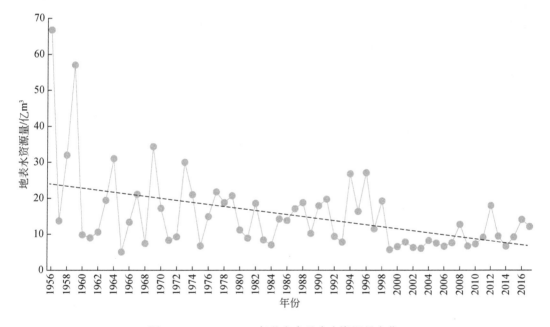

图2-19　1956~2017年北京市地表水资源量变化

通过对北京市1476~2017年旱涝资料分析，结果表明北京地区旱涝交替出现，并且呈现出长期干旱的特征，如30~50年持续干旱的情况多次发生，且最近100年是500多年来干旱最为严重的100年，而近50年又比前50年更加严重，1999年以来北京市的持续干旱也证明了这一观点。而根据预测，北京市未来几年的干旱态势可能仍将持续，北京市本地水资源紧缺的局面短期内将很难逆转。

2.2.2 生活刚性需求的主导作用增强，供水安全标准保障要求高

生活用水对供水品质以及供水保证率都有非常高的要求。1990 年北京市生活用水量仅为 7.04 亿 m³，占用水总量的 17%，2017 年北京市生活用水量增长到 18.3 亿 m³，增长了 1.6 倍，占当年用水总量的 46%（图 2-20）。近几年，北京市严格控制人口规模，《北京城市总体规划（2016 年–2035 年)》提出，常住人口控制规模为 2300 万人。人口规模的控制一定程度上将抑制生活用水需求的快速增长（图 2-21）。但随着经济发展、生活水平的提高，人们对于水公共服务的诉求也将有一定程度的提升，生活供水安全保障需求不会降低（潘俊杰，2021）。

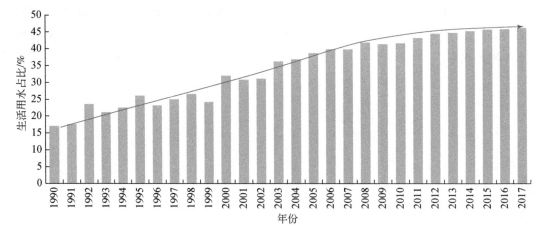

图 2-20　北京市历年生活用水占比变化情况

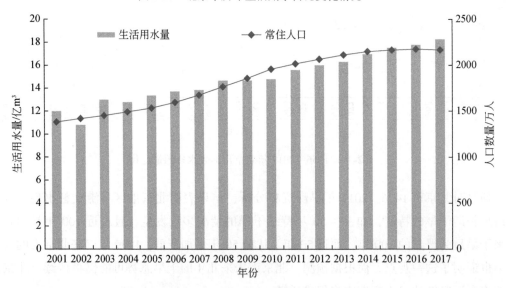

图 2-21　北京市历年生活用水量和常住人口变化情况

2.2.3 地下水位与恢复目标仍有很大差距，系统修复任重道远

2015 年开始，北京市地下水开采量持续低于区域地下水资源量，地下水超采治理取得一定成效，地下水位趋于稳定，并有微弱上浮。图 2-22 为长系列北京市平均地下水埋深变化情况，2017 年埋深为 25.2m。从历史时期看（图 2-23），20 世纪 60 年代，北京市平均地下水埋深为 3.2m，90 年代为 12.3m，尽管目前北京市地下水位下降的趋势得到了遏制，但是地下水系统修复的任务仍很繁重。

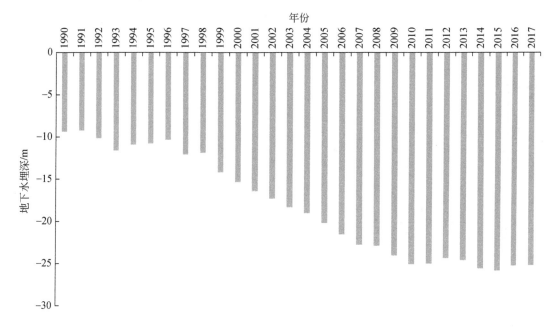

图 2-22　北京市历年平均地下水埋深

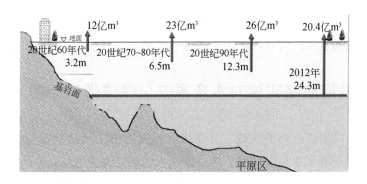

图 2-23　历史时期北京市平均地下水埋深

2.2.4 宜居城市河湖生态环境用水需求保障严重不足

北京市主要河流天然径流量持续减少，1956～2015 年，蓟运河、潮白河、北运河、永定河天然径流量减少均超过 90%（图 2-24），全市河湖很大程度上依赖人工补水。

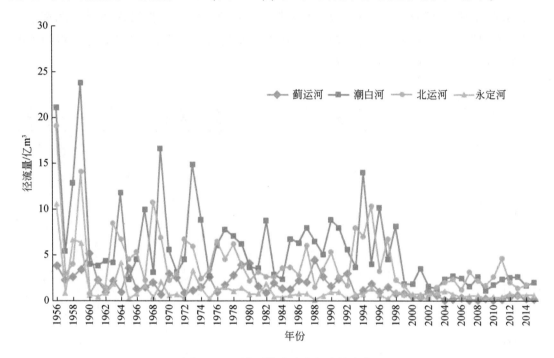

图 2-24　历史时期北京市径流量变化

2001 年以来，北京市持续增加生态环境用水量，2017 年全市生态环境用水量为 12.7 亿 m³，占总用水量的 32%，是 2001 年生态环境用水量的 42 倍（图 2-25）。全市水域面积一定程度增加，但 2017 年与 1990 年面积仍相差近 70km²。未来宜居城市建设，对河湖生态环境建设提出更高要求，生态环境用水将进一步增加。

2.2.5 城市发展战略实施对水资源安全保障带来新的压力

随着京津冀协同发展战略的实施，北京市大幅度调整区域功能定位，区域产业格局、城市格局、人口布局等发生显著调整，水资源需求也随之发生改变。

一是通州副中心的建设。2015 年 4 月 30 日，中央政治局审议通过的《京津冀协同发展规划纲要》提出，"聚集通州，按照交通便捷、功能完备、产城融合、职住平衡要求，紧密围绕市属行政事业单位及相关服务部门的疏解转移需求，加快推进市行政副中心建

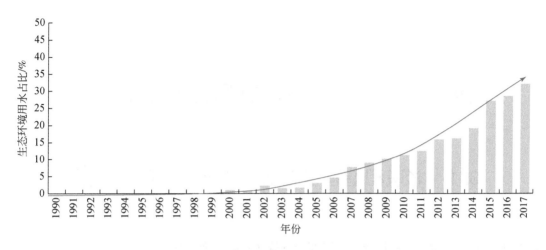

图 2-25 北京市历年生态环境用水占比变化情况

设"。2016 年,中央政治局会议将建设市行政副中心改为建设城市副中心。通州副中心主要承接中心城区部分功能疏解,包括疏解"一批制造业""一批城区批发市场""一批教育功能""一批医疗卫生功能""一批行政事业单位",考虑到未来人口和资源聚集,未来通州区将较现状增加较多用水需求。

二是新机场建设。北京大兴国际机场是建设在北京市大兴区与河北省廊坊市广阳区之间的超大型国际航空综合交通枢纽。机场远期(2040 年)按照客流吞吐量 1 亿人次、飞机起降量 80 万架次的规模建设七条跑道和约 140 万 m^2 的航站楼,机场预留控制用地按照终端(2050 年)旅客吞吐量 1.3 亿人次、飞机起降量 103 万架次、9 条跑道的规模预留。北京新机场的建设将推进京津冀一体化发展和人口的进一步流动。

三是新城建设。根据《北京城市总体规划(2016 年–2035 年)》,北京将逐步完善城市体系,在北京市范围内形成"一核一主一副、两轴多点一区"的城市空间结构,着力改变单中心集聚的发展模式,构建新的城市发展格局。除"一核"(首都功能核心区)、"一主"(中心城区)、"一副"(北京城市副中心)、"两轴"(中轴线及其延长线、长安街及其延长线)外,还将建设"多点",即 5 个位于平原地区的新城,包括顺义、大兴、亦庄、昌平、房山新城,是承接中心城区适宜功能和人口疏解的重点地区。这些地区城市化建设进程将进一步加快,随之而来的是生活用水量刚性需求的进一步增加。

|第3章| 北京和谐宜居之都建设目标

3.1 北京和谐宜居之都水资源安全保障目标

3.1.1 和谐宜居之都水资源安全保障内涵解析

国内外学者对宜居城市内涵进行过大量探讨，但仍未形成统一的概念。由于不同政治体制、经济发展阶段、文化价值观以及利益主体等所产生的宜居诉求均存在差异性，所界定出的宜居城市内涵与实践导向也可能不同。但总体来看，宜居城市不仅要有良好的物质硬环境，还应具备和谐的社会文化软环境，二者缺一不可，但在不同城市或发展阶段的实践过程可以有所侧重。宜居城市建设的核心是以人为本，充分考虑不同社会群体的居住环境需求，并坚持社会公平与正义。从水资源安全保障的角度出发，宜居城市内涵可以按照城市发展、生活品质、生态环境、管理体系四个基本维度来解析。

（1）保障城市经济社会发展需求是建设和谐宜居城市的基础，其水资源安全保障包括了高标准供水保障、水资源高效利用、废污水排放有效控制等若干要素。

（2）实现高标准的生活品质是建设和谐宜居城市的核心，其水资源安全保障包括了供水水质优良、用水条件便利、亲水设施完善等若干要素。

（3）维持健康优美的生态环境是建设和谐宜居城市的前提条件，其水资源安全保障包括水循环完整稳定、自然水生态健康、水环境系统友好、水景观优美等若干要素。

（4）建立科学高效的现代化管理体系是建设和谐宜居城市的重要内容，其水资源安全保障包括法律法规完善、制度健全有效、管理体制适合、公众广泛参与等若干要素。

3.1.2 水资源安全保障目标

按照上述和谐宜居之都水资源安全保障内涵解析成果，结合北京市具体情况，从城市发展、生活品质、生态环境、管理体系四个维度提出北京市建设和谐宜居之都水资源安全保障目标及表征指标。

1）保障城市发展

目标：保障首都供水安全，用足南水北调中线，开辟东线，打通西部应急通道，加强北部水源保护，形成外调水和本地水、地表水和地下水联合调度的多水源供水格局，具备一定规模的水资源战略储备。

表征指标：人均可用水量、供水安全系数。

2）提升生活品质

目标：提供充足优质的生活用水尤其是高品质饮用水，打造数量充足、功能复合、开合有致的滨水空间，提高河道的亲水性，满足市民休闲、娱乐、观赏、体验等多种需求。

表征指标：末梢水水质达标率、集中供水管网覆盖率、亲水空间可达性。

3）改善生态环境

目标：以五河为主线，形成流域相济、多线连通、多层循环、生态健康的水网体系，地下水位恢复到适宜水平，自然水域、湿地等蓝色空间得到一定程度恢复，部分泉水恢复出流。

表征指标：蓝色空间占比、水功能区达标率、地下水位。

4）创新管理体系

目标：水资源管理方式实现从供水管理向信息化、精细化的需水管理转型，实现水资源监管能力和综合执法能力的全面升级，建立完善的水价管理制度。

表征指标：取用水计量率、水价合理性。

3.1.3　水资源安全保障指标国际比较

选取纽约、伦敦、巴黎、东京四个国际大都市进行水资源安全保障指标的对比分析（图3-1），进而研究北京市建设和谐宜居之都水资源安全保障存在的问题。

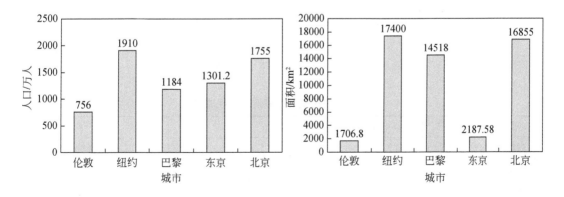

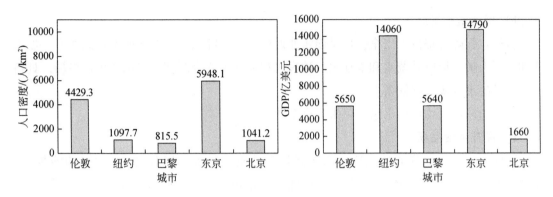

图 3-1 对比城市经济发展状况

1）人均水资源量国际对比

从区域多年平均降水量来看，北京市资源本底条件远差于纽约和东京，但与伦敦和巴黎两大城市相当（图 3-2）。从区域过境河流水量来看，北京市 2017 年入境水量仅为 5.03 亿 m³，而其他城市入境水量远高于北京市，其中纽约的入境水量为北京市的近 40 倍（表 3-1）。从可利用的人均水资源量来看（图 3-3），北京市仅为 148m³，伦敦较北京多 109m³，东京是北京的 2.7 倍，巴黎是北京的 3.3 倍，纽约是北京的 22 倍。

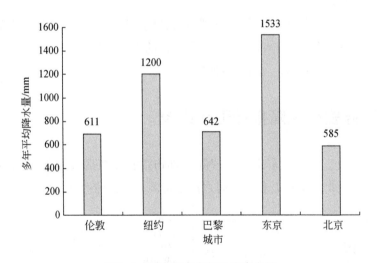

图 3-2 对比城市多年平均降水量

表 3-1 对比城市过境河流及径流量

指标	伦敦	纽约	巴黎	东京	北京
过境河流	泰晤士河、李河	哈德孙河等	塞纳河	利根川、荒川等	永定河、潮白河等
过境径流量/（亿 m³/a）	19	191	158	140	3.7

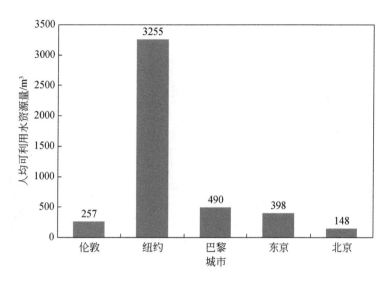

图 3-3　对比城市人均可利用水资源量

2）供水安全系数对比

从水资源开发利用率来看，北京市为 112%，水资源开发利用程度处于超高状态。纽约的水资源开发利用率仅为 15.8%，巴黎为 25.0%，东京为 31.6%，仅伦敦稍高，为 49.4%，也远低于北京市（图 3-4）。从供水安全保障来看，北京市供水安全系数（供水安全系数=日供水能力/历史日高峰用水量）与世界城市存在较大差距，北京市供水安全系数仅为 1.12，而其他四个城市均高于 1.5，北京市的供水保障能力稍显脆弱（图 3-5）。

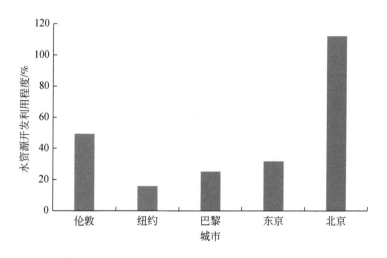

图 3-4　对比城市水资源开发利用程度

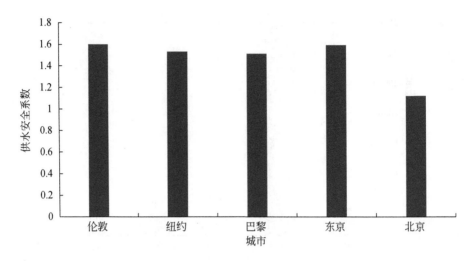

图 3-5　对比城市供水安全系数

3）废污水处理情况对比

从污水处理排放指标看，北京的控制指标要比东京严格（表 3-2）。东京降水量大，水资源开发利用程度低，河流自净能力强，其污水处理标准仅为能满足环境要求的最低标准。从污水集中处理来看（表 3-3），就中心城区而言，北京市与世界城市差距不大，郊区的污水收集处理还存在一定提升空间。

表 3-2　污水处理标准对比

城市	污水处理排放指标
东京	控制 50 项（日常速报 4 项）
北京（城区）	控制 62 项，基本控制 19 项，选择控制 43 项

表 3-3　污水处理率对比

城市	污水处理率/%	处理能力/（万 m³/d）
纽约	100	683
伦敦	100	450.1
东京	100	559
北京	92	410

3.2 北京不同历史时期水资源安全保障指标变化

3.2.1 人均可用水资源量

历史上，北京市是水资源较为丰富的地区。清朝的京城经常面临洪灾威胁，最大威胁来自有"小黄河"之称的永定河，"永定"就是希望这条河不要再泛滥。此外，北京市的万泉河、玉渊潭、莲花池等带水的地名，在当时都是名副其实的水域。1956~2016 年，北京市多年平均水资源总量为 15.4 亿 m^3，但是 1999 年以来，北京市进入连续枯水期（图 3-6），并且随着北京市城市扩张、工业发展和人口膨胀（图 3-7），丰富的地表水系迅速断流、干涸，地下水也超采严重（图 3-8），缺水局面逐步形成。近几年，北京市平均用水总量为 36 亿 m^3，但年均水资源总量仅为 21 亿 m^3，比多年平均减少 38%，缺口达到 15 亿 m^3。

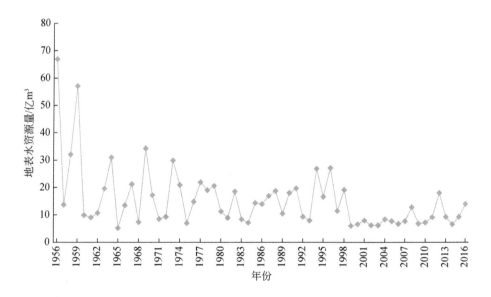

图 3-6 北京市历年地表水资源量变化情况

同时，随着北京城市人口快速增加，二者共同作用导致北京市人均可利用水资源量不断减少（图 3-9），从 20 世纪 50 年代的约 2000m^3 降至 20 世纪 80 年代的约 300m^3，再降至 2014 年的不足 100m^3。2014 年，南水北调中线通水后稍有好转，达到 150m^3 左右，但仍远低于人均 500m^3 的国际极度缺水标准。

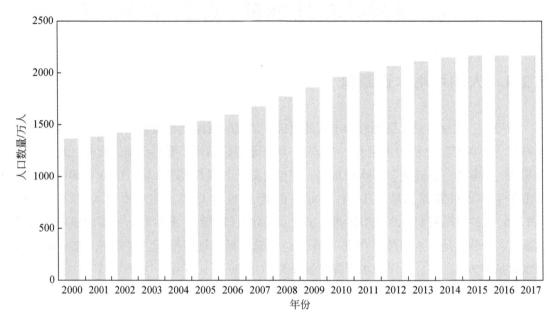

图 3-7 北京市历年人口变化情况

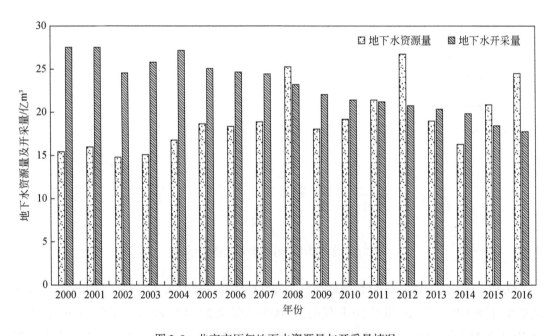

图 3-8 北京市历年地下水资源量与开采量情况

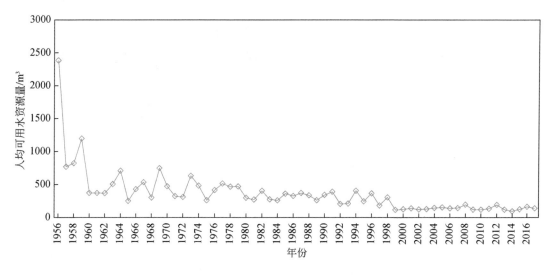

图 3-9　北京市历年人均可用水资源量变化

3.2.2　地下水埋深

北京市的水资源开发程度远远高于其他世界城市，水资源开发利用率高达 112%，处于严重超采地下水的过度开发状态，如图 3-10 所示。过去几十年中，北京市的社会用水主要靠地下水供给，其供水比例常年维持在 2/3 以上，且社会用水量在这期间达到了历史最高峰。与此同时，地下水的大规模开采也引发了一些问题，典型的问题有地下水位持续下降、区域性地下水位降落漏斗的形成和不断扩大、地表水环境退化、地面沉降、取水成本持续增加等。

自 20 世纪 50 年代到 70 年代初，北京市地下水处于初步开发阶段，采补整体基本平衡，只在城近郊局部地区出现超采，地面沉降也只出现在超采区，其中，50 年代地下水的埋深很浅，东郊一带地下水的埋深只有 1m 左右，60 年代北京市平均地下水埋深为 6～7m。80 年代初到 90 年代这段时期，北京市地下水开采量相对稳定，地下水超采区由早期主要集中在城近郊区逐渐向远郊区扩展，超采区面积占平原区面积 70%。从 90 年代开始，地下水开采量相对稳定，全市每年开采量在 26 亿～28 亿 m³，地下水的采补出现了新一轮的动态平衡，但是与 60 年代的天然状态相比，累积亏损量仍然比较大。从 90 年代末至 2010 年，北京市遭遇了有史以来最长的连续枯水年，大部分年份的降水量低于多年平均降水量，地下水储量以更快的速度持续亏损，这个时期的北京市地下水处于严重超采状态。

北京市由于水资源缺乏、气候干旱、地下水利用得不到足够补充，地下水埋深呈现出持续和较大幅度的增加。如图3-10所示，进入21世纪，地下水位平均每年下降1.3m，北京市现在的地下水开采平均已经达到了25m深，最深的达到了40m。综合现有研究成果和专家咨询意见，从生态环境修复的角度，地下水埋深以恢复到20世纪80年代水平为宜。

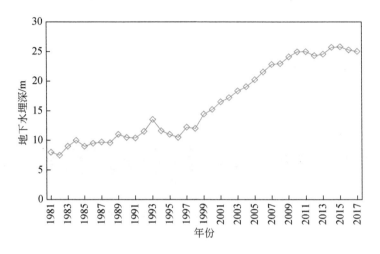

图 3-10　北京市历年地下水埋深变化

3.2.3　湖泊水面率

从20世纪50年代开始，北京市的城市发展片面强调城市工农业全面发展，耗水型的工业不断上马，城市范围迅速扩展，人口急剧上升。在对水资源掠夺性索取的同时，也破坏了城市水环境，使北京陷入日益严重的水源短缺和城市环境质量下降的局面。

尤其是20世纪60年代后，随着城市发展，众多湖泊洼地被侵蚀，甚至最终消失，水面面积降至12万hm²。到80年代初城市湖泊减少到23处，水面积剩下7.5万hm²。

北京市城区自20世纪80年代至今，湖泊发生大的主要变化有三个。首先是在1984年，海淀区政府决定建设圆明园遗址公园。疏浚了福海，挖出土方15万m³，同时疏浚了万春园内300亩湖泊，挖出土方20万m³，两湖于1985年6月竣工放水。其次是为筹备2008年奥运会，北京市决定修建奥林匹克森林公园。2005年6月30日，奥林匹克森林公园工程开始建设奠基，奥林匹克森林公园水系及水质维护系统于2007年完成竣工，2008年投入运行。还有是在永定河沿岸的"四湖一线"工程，即门城湖、莲石湖、晓月湖、宛平湖和循环管线工程，自2010年启动以来，治理河道14.2km、河滨带216hm²、堤防生态修复23.9km、铺设了21km循环管线及修建泵站3座，形成水面270hm²。

其他城区主要变化是在西城区南部（原宣武区）修建了仿古园林，大观园开辟水面24 000m²；在北京市城区的东北部，朝阳区改造了温榆河畔绿色走廊，小的水面星罗棋布。但与此同时，朝阳区东部的一些水面随着城市的发展而消失，只留下一些地名，如田家洼、小南海、小海子等；在城区南部，尤其是南苑地区，许多坑塘湖泊要么消失，要么面积逐渐萎缩。

1960 年以来北京市湿地递减状况如表 3-4，1960 年为 12 万 hm^2，占北京面积的 7.30%；1980 年减为 7.5 万 hm^2，占北京面积的 4.60%；到 2012 年北京有 1916 块湿地，共 5.14 万 hm^2，仅占北京面积的 3.10%，大大低于 6% 的世界平均水平。

表 3-4　不同年代水面面积和水面率

年份	水面面积/万 hm^2	水面率/%
1960	12	7.30
1980	7.5	4.60
2012	5.14	3.10

3.2.4　泉水数量

历史上，北方地区依泉而生、泉水资源丰富的城市不止济南一个，北京曾经也是一个多泉地区，北京地区两条大的地下水溢出带，一个是沿山前平原分布于昆明湖、紫竹院、右安门至南苑一带，多处平地涌泉，形成许多沼泽水淀；另一个是温榆河流域冲洪积扇上的地下水溢出带，从南口以下至百泉庄、四家庄、亭子庄等呈长条分布。

古代描述北京地区泉流之盛的诗句非常多，如"万迭燕山万迭泉，飞流千里挂长川"、描述西山驻泉的"百道泉光飞宝地，万千松影静瑶坛"，以及描述南苑一带泉水的"七十二泉长不竭，御沟春暖自涓涓"等，这些诗句都描绘了北京历史时期泉水充盈的盛况。

一方水土养一方人，泉水对于历史上北京的发展和建设具有重要意义。由于泉水比河水和井水有更多优点：一是水质好，水清沙少，是天然的"自来水"；二是流量比较稳定，易于控制；三是裸露地表，易于开发，工程技术比较简单。泉水不仅可作为当地人的重要饮水水源和生产灌溉用水水源，还为补充湖泊河流、运河漕运、园林造景、城市规划、游憩休闲等方面都贡献了重要的水源力量。近代以来，随着北京市发展进程的加快，北京市的泉水数量正在逐步衰减。1960 年泉水数量为 1347 个，经过 20 年后，到 1980 年减少为 1246 个，经过 30 年后，到 2010 年泉水数量降至 887 个，减少了将近 400 个。

3.3　北京建设和谐宜居之都的问题研判

3.3.1　建设和谐宜居之都——开拓新水源

对标世界先进城市，从降水量、过境水量来分析，北京市水资源禀赋条件均不如纽约、伦敦、巴黎和东京。目前，北京市水资源开发利用率已经高达112%，地下水历史超采严重，全市水资源安全保障程度偏低。基于此，北京市除深度挖掘再生水和雨洪水的有效利用外，还需争取拓展外调水源，结合多水源的合理优化配置和水资源高效利用，提高全市水资源安全保障程度。

3.3.2　实现北京市人水和谐——持续减少地下水可采量

地下水是北京市供水水源的重要组成部分，南水北调江水进京后，地下水仍占全市供水量的40%以上。1999年以来，由于多年连续干旱，地下水补给量相对减少，地表水资源严重不足，对地下水的需求相对增加，长期靠超采地下水缓解水资源供给压力，在支撑首都经济社会快速发展的同时，也付出了沉重的生态环境代价，出现了诸如区域地下水位下降、局部疏干层疏干、降落漏斗范围不断扩大、地下水质变差和地面沉降等环境地质问题。近几年在大幅减少地下水开采量的前提下，基本实现采补平衡，但离地下水位恢复还有相当距离，应有序确定地下水位恢复目标，在现有基础上加大压采力度。

3.3.3　建设和谐宜居之都——改善城市河湖生态

随着经济社会的发展和水资源开发利用程度的提高，近百年来北京湿地显著递减，许多坑塘湖泊要么消失，要么面积逐渐萎缩，与和谐宜居之都建设目标严重背离。未来宜居城市建设对河湖生态环境建设提出更高要求，生活环境用水将大幅增加。在规划水平年考虑北京市水资源供需匹配时，必须着重考虑不同建设情景下所对应的生态用水需求。

第二部分

社会水循环健康诊断

| 第4章 | 超大型城市用水健康与高效调控路径

4.1 北京用水分析

4.1.1 用水总量快速增加

根据北京市水资源公报统计出 1980~2021 年北京市用水总量的变化过程（图 4-1），北京市用水总量经历了三个阶段：1986~1992 年，北京市用水处于粗放式管理阶段，人口、工业规模基数小，发展经济是时代主题，水资源供给基本上是无限制的保障，由于当时北京市水资源总量相对充沛，供给压力并不大。1992~2004 年，一方面北京市降水较历史同期有所减少，尤其是 1999 年以后北京市处于持续的枯水年中，但另一方面，通过节水措施，提高了工农业的用水效率，用水总量大幅下降，但人口规模逐渐庞大，北京市水资源供给开始紧张。2004 年以后，北京市降水量持续偏低，工农业的节水潜力空间持续压缩，人口规模持续膨胀，生活用水大幅上升，北京市用水总量开始攀升，未来用水总量上行的压力巨大，尽管北京市实行了更为严格的用水管理制度，仍难以控制用水总量的持续

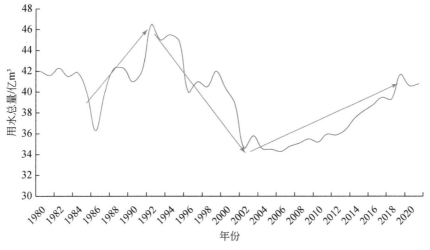

图 4-1 1980~2021 年北京市用水总量变化过程

攀升，水资源供给与需求矛盾突出。

4.1.2　用水结构逐渐刚性

从北京市用水结构（图4-2）来看，1980～2021年，用水呈现"两增两减"的趋势，工业用水和农业用水因用水效率提高并且受严格管控影响，呈逐年下降趋势，生活用水受人口规模膨胀、生活质量提高的影响，用水量刚性上升。近些年来，环境用水逐渐被重视起来，河道基流、湖泊水系、市政绿化等用水量大幅增加，2012年后环境用水量首次超过了工业用水量。以2021年为例，见图4-3，2021年北京市用水总量为40.8m³，其中生活

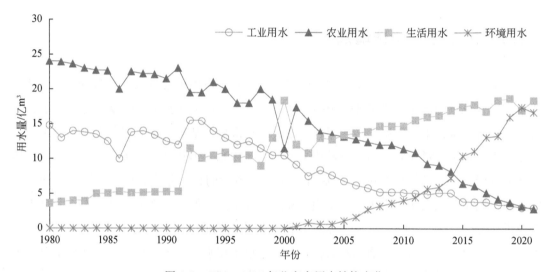

图4-2　1980～2021年北京市用水结构变化

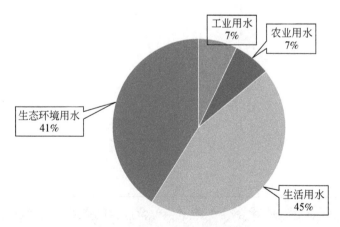

图4-3　2021年北京市用水结构

用水 18.4 亿 m³，占用水总量的 45%；环境用水 16.68 亿 m³，占用水总量的 41%；工业用水 2.94 亿 m³，占用水总量的 7%；农业用水 2.81 亿 m³，占用水总量的 7%。总的来看，北京市用水结构有两方面特点：一是用水总量增长速度得到有效控制，尽管用水需求压力巨大，但管控得当，实际用水总量增长速度得到有效控制。二是用水结构趋向合理，工业和农业用水效率普遍提升，占总用水量的比例不断下降，生态环境用水的地位得到提升，更加注重人与自然的和谐发展，生活用水属于刚性需求，目前已发展成为第一大用水户，主要通过经济杠杆和节水宣传控制生活用水总量（刘洋和李丽娟，2019）。

4.1.3 用水效率整体较高

1. 人均用水量比较分析

1）北京市人均用水量的变化情况

随着社会经济发展和公共服务水平的提高，人均用水量大幅下降，用水效率显著提升，2021 年北京市人均用水量 186.4m³，比 2001 年的人均用水量 281m³ 下降了 34%，如图 4-4 所示。

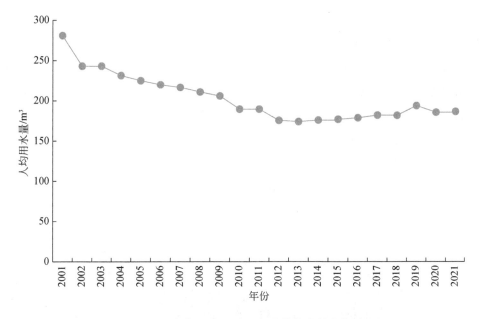

图 4-4　北京市 2001～2021 年人均用水量变化图

2）北京市人均用水量和国内其他城市的对比情况

将北京市人均用水量与国内其他经济较发达的城市进行对比，包括天津、上海、太原、苏州、南京、杭州、福州、济南、郑州、武汉、长沙、广州和成都，对比结果如图4-5所示，在所列出的14个城市中，北京市人均用水量仅高于天津市，可以看出，北京市人均用水量相对较低，用水水平较高。

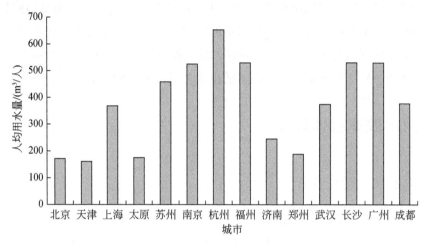

图4-5　北京市人均用水量与国内其他城市对比图

2. 生活用水效率比较分析

1）生活用水整体效率及其对比

2021年，北京市生活用水总量为18.4亿m^3，人均城镇生活用水量为223L/d，人均农村生活用水为132L/d，相较于国内其他地区属于较高值，如图4-6所示。主要受到以下几方面影响：一是北京市存在大规模流动人口，流动人口占总人口比例约为四分之一，大幅增加生活用水需求，但在统计方面，流动人口尚未计入用水效率指标，直接扩大了实际人

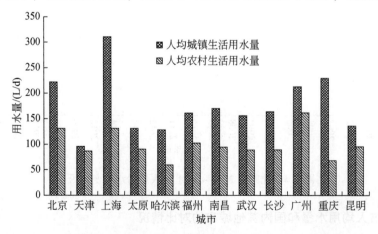

图4-6　2021年北京市人均城镇、农村生活用水量与国内其他城市对比图

均生活用水指标值；二是从生活用水结构来看，公共用水占 46%，主要为第三产业用水；三是全区域水公共服务水平较高，导致居民生活用水定额相对较高。

2）居民生活用水效率及其对比情况

从图 4-7 中可以看出，北京市 2021 年的城镇居民人均生活用水量仅高于天津市，说明北京市城镇居民生活用水效率较高。北京市城镇居民人均生活用水量为 115L/d，而天津市城镇居民人均生活用水量为 62L/d，二者相差较大，统计值主要受两方面因素影响：一是流动人口数量的影响，北京市流动人口远高于天津市，特别是较长时间居住的流动人口比例较大；二是公共管网实际覆盖人口数与城镇人口数存在较大差异，如天津市公共管网覆盖人口数比城镇人口数低 300 万左右。

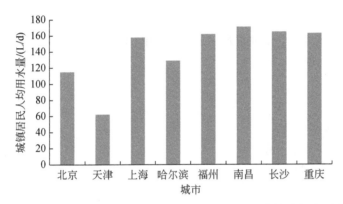

图 4-7　2021 年北京市城镇居民人均用水量与国内其他城市对比图

3. 工业用水效率比较分析

2021 年，北京市万元工业增加值水耗约为 5.2m³，比 2005 年的 41.8m³ 下降 87.56%，仅为 2002 年的 1/6，随着北京市工业结构的不断调整与升级，工业行业整体用水效率不断提高。与国内其他城市对比情况如图 4-8 所示，北京市工业用水效率仅低于天津市和深圳市，可见北京市工业用水整体效率处于国内领先水平。

4. 农业用水效率比较分析

1）农业整体用水效率及结构

2021 年北京市农业用水总量为 2.81 亿 m³，占总用水量的 7%，较 2012 年下降 20.4%，如图 4-9 所示。灌溉水有效利用系数达到 0.751，高于全国平均水平 0.568。

截至 2021 年，北京市现有灌溉面积 348 万亩，灌溉结构如图 4-10 所示，节水灌溉面积 305 万亩，占 88%。节水措施方面，通过大力发展再生水灌溉，控制面积已达 60 万亩，加大雨洪水利用，已建成 1000 处农村雨洪利用工程，蓄水能力达到 2800 万 m³。

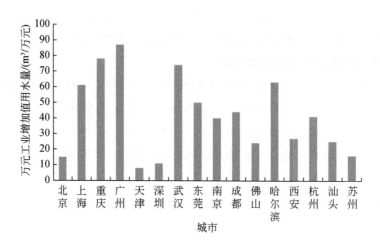

图 4-8 2021 年北京市万元工业增加值用水量与国内其他城市对比图

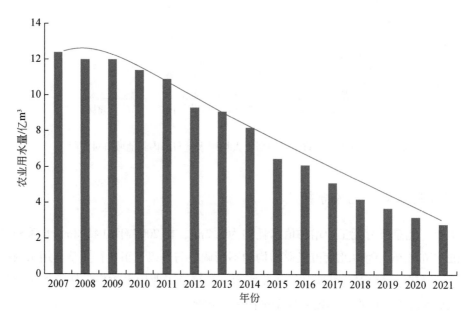

图 4-9 2007~2021 年北京市农业用水量变化趋势图

2）与国内其他城市的对比情况

2021 年，北京市灌溉水有效利用系数达到 0.751，高于全国平均水平 0.568。农田灌溉水亩均用水量为 313m³，将其与国内其他超大型城市进行对比，结果如图 4-11 所示，可以看出，北京市农田灌溉水亩均用水量较低，整体节水空间不大，未来可通过调整灌溉面积、统筹农田水利建设、土地整理、农业综合开发、都市现代农业布局合力推进农业节水工作。

44

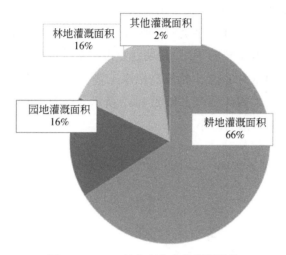

图 4-10　2021 年北京市农业灌溉结构

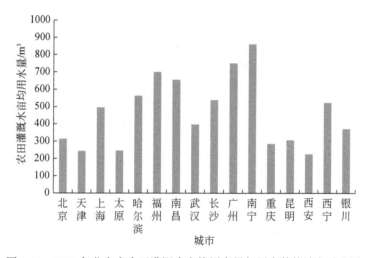

图 4-11　2021 年北京市农田灌溉水亩均用水量与国内其他城市对比图

4.2　超大型城市高效用水现状诊断

4.2.1　结构性节水潜力逐步降低

1）产业结构不断优化，高耗水行业逐渐退出主导地位

在北京市加强产业调整、优化升级、抑制高耗水工业发展的产业策略引导下，工业企业改善节水工艺，提高工业用水重复利用率，实现了北京市工业用水量的逐年减少。2000

年，北京市工业用水量超过 10 亿 m³，且工业用水量占总用水量的比例达到 26%。之后，北京市工业用水量逐年减少，2021 年全市工业用水量降至 2.94 亿 m³，工业用水量占比也由 2000 年的 26% 下降至 2021 年的 7%，说明北京市用水结构正在不断升级。

从用水结构上看，2018 年以来，传统高用水工业行业（除电力、热力的生产和供应业以及医药制造业）产值在逐年降低，如图 4-12 所示，说明工业行业内部也进行了结构上的优化，工业节水空间和潜力较小。

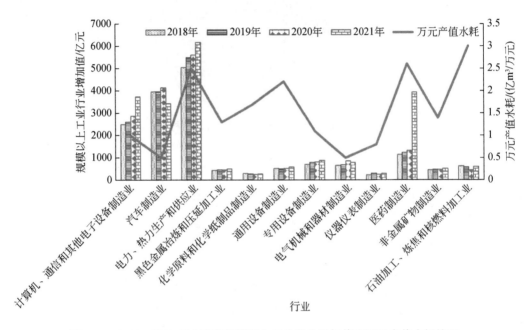

图 4-12　2018～2021 年北京市规模以上工业行业增加值及万元产值水耗情况

2）第三产业以低用水产业为主，结构性节水空间较小

在公共服务用水主要为第三产业用水。从当前北京市第三产业的产业结构上看（图 4-13），第三产业又以低用水产业为主，其中交通运输、仓储和邮政业、信息传输、计算机服务和软件业、批发和零售业、金融业等产业生产总值占第三产业的 66%，第三产业节水空间与潜力较小。

4.2.2　生活用水管理成节水重点

1）生活用水比重大且刚性需求强

2002 年北京市主要用水为农业用水，占总用水量的 45%，生活用水量占总用水量的 31%。到 2021 年，农业用水量占总用水量的比例降至 7%，生活用水量占总用水量的比例上升至 45%，成为北京市的主要用水部分。

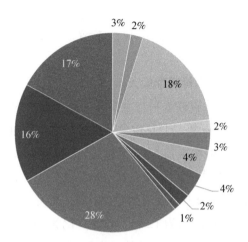

图 4-13 第三产业内部各行业生产总值比例

- ■ 石油加工、炼焦和核燃料加工业
- ■ 仪器仪表制造业
- ■ 专用设备制造业
- ■ 电力、热力生产和供应业
- ■ 非金属矿物制造业
- ■ 通用设备制造业
- ■ 黑色金属冶炼和压延加工业
- ■ 汽车制造业
- ■ 医药制造业
- ■ 电气机械和器材制造业
- ■ 化学原料和化学制品制造业
- ■ 计算机、通信和其他电子设备制造业

由图 4-14 可见，2001～2021 年，北京市人口数量逐渐增加，由 2001 年的 1385.1 万人增加至 2021 年的 2188.6 万人，增长了 58.0%。生活用水量持续稳步增加并趋于平稳，人口的快速增加带来生活用水的刚性快速增长。

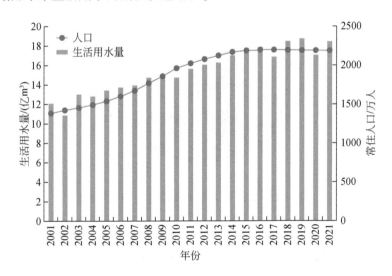

图 4-14 北京市历年常住人口与生活用水量变化图

从发展趋势上看，随着城市化进程的加速以及生活水平的提高，未来北京市居民生活用水仍将有所增长。但从变化趋势看，由用水变化大于人口规模变化调整为用水变化等于

人口规模变化，体现了节水的作用。未来人口仍然是影响北京市居民生活用水规模的主要因素，但通过强化节水，可以进一步减小弹性系数，力争达到用水变化小于人口规模变化。

2）公共用水行业繁多，节水管理难度大

伴随人口的刚性增长、公共服务水平与生态环境改善需求的提高，公共服务用水（含生态环境用水）增长显著。2006 年，北京市公共服务用水（含生态环境用水）为 9.08 亿 m^3，2021 年为 18.40 亿 m^3，年均增长 5%。同时公共服务用水占区域总用水量的比例由 26% 上升到 35%，占生活用水总量的 46%，是节水工作重点关注的领域。

2021 年，北京市中心城区公共服务用水结构中，机关事业单位占比为 19%，学校占比为 15%，宾馆（含旅馆）占比为 12%，医院占比为 7%，写字楼占比为 8%，商业占比为 9%，餐饮业占比为 7%，部队占比为 2%，文化娱乐业占比为 2%，建筑施工占比为 8%，交通运输业占比为 1%，其他占比为 10%（图 4-15）。从公共用水结构来看，机关事业单位、学校和宾馆（含旅馆）占据较高的用水比例，占比分别为 19%、15% 和 12%。

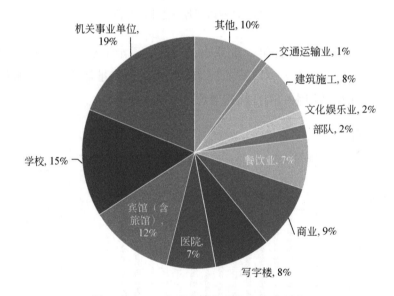

图 4-15　2021 年北京市公共服务用水结构

据统计分析，机关事业单位用水主要在办公卫生与餐厅（占到 65% 以上），宾馆用水主要在客房与餐饮（占到 67% 以上），医院用水主要在病房和门诊（占到 60%），大学用水主要在宿舍与教学办公区（占到 65%），中小学用水主要在食堂、教室与宿舍（占到 74%）。

这些用水除了公共服务刚性需求外，用水器具的用水效率高低和非常规水源的利用程度也是影响其用水量的主要因素。选择用水效率高的器具能够加强行业节水，加大非常规水源的利用能够有效降低新鲜水的取用，提高行业节水潜力，促进用水效率的提高。

4.3 超大型城市生活用水效率调查比较分析

对于超大型城市来讲，随着产业结构的不断优化，生活用水所占比例逐年增加。以北京市为例，2021 年生活用水量占总用水量的 45%，其中生活用水又以居民生活用水为主，而居民生活用水也是未来超大型城市用水的主要增长点和节水工作的重点。从统计数据上看，北京市与天津市居民生活用水定额相差较大，因此，本次研究通过问卷调查、系统分析，针对居民生活用水及其影响因素进行了精细化分析，力求为确定超大型城市用水管理路径提供进一步支撑。

4.3.1 居民生活用水调查基本情况

以家庭为单位，采取入户调查的方式，对北京市和天津市居民生活用水基本情况进行了系统调研。天津市共发放调查问卷 522 份，收回标准样本 504 例，对 108 个不同档次的生活小区进行调查，总计走访 522 户，采集 1573 人的生活用水信息。北京市共计调查居民住宅小区 129 个，回收有效问卷 590 份，有效率 98.3%。

调查问卷包含基本信息和用水习惯两大部分，涉及家庭人口数、冬季夏季月用水量、人均收入、节水器具、洗浴习惯、厨房用水、清洁用水等 26 个问题。回收问卷后，对问卷进行了系统整理，摸清了天津市和北京市居民生活用水行为习惯，及相对准确的居民生活用水定额，详细分析了居民生活用水影响因素。

4.3.2 京津居民生活用水存在较大差距

北京市调查样本中（图 4-16），人均居民生活用水量大体呈正态分布，用水量峰值稍向左偏，出现在 411.11L/（人·d），均值为 185.65L/（人·d）。天津市调查样本中（图 4-17），人均生活用水量最小值为 10.2L/（人·d）；最大值为 249.5L/（人·d），其中一半以上样本介于 50~100L/（人·d），均值为 84L/（人·d）。

调查结果及对比情况显示，北京市居民生活用水实际定额远高于天津市，差距甚至超过公报统计数据之间的差距。

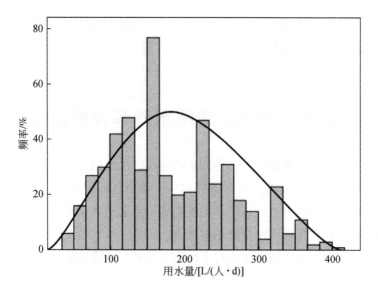

图 4-16　2021 年北京市日均用水量分布图

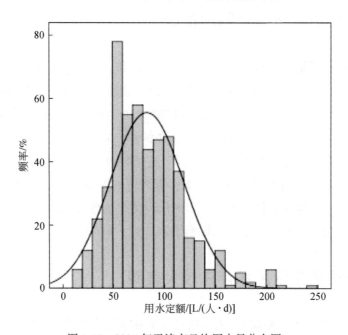

图 4-17　2021 年天津市日均用水量分布图

4.3.3　用水习惯是居民生活用水最重要的影响因素

1）洗浴习惯对居民生活用水的影响

在所有安装洗浴设备的受访家庭中，北京市和天津市均有 96% 以上的家庭选择了淋浴。对于北京和天津两市来讲，人均日生活用水量与洗浴频率都存在着明显的相关关系（图 4-18），随着洗浴频率的增高，人均日生活用水量也呈上升趋势，说明洗澡频次高的居民，其用水消费要求高。

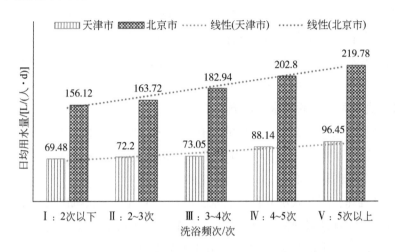

图 4-18　2021 年北京市和天津市日均用水量与洗浴频次的关系

　　由于气温差异，冬季、夏季洗浴要求存在较大差异（表 4-1），导致两季日均用水量出现明显的差异（图 4-19）。

表 4-1　家庭平均每周每人洗浴次数对比　　　　　　　　（单位：次）

城市	夏季	冬季	全年平均
北京市	4.72	3.06	3.89
天津市	6.75	2.32	4.54

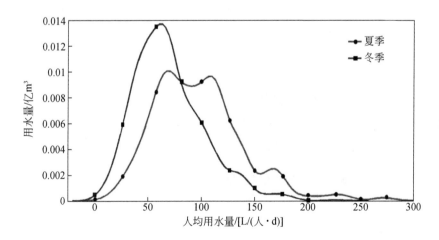

图 4-19　天津市冬季、夏季用水量对比情况

调查数据显示，天津市夏季人均用水指标是冬季人均用水指标的 1.4 倍，且冬季用水水量比较集中，人均用水量多集中在 60L/（人·d）左右；而夏季人均用水量则均匀分布在 65~110L/（人·d），两个明显的用水峰值为 67.6L/（人·d）和 106.8L/（人·d）。夏季洗浴次数为冬季洗浴次数的 2 倍，这是夏季用水量大的主要原因。

从调查情况来看，由于北京市与天津市气候条件相当，北京市居民的洗澡频率集中段和天津市居民相差不大，然而在居民生活用水定额上北京市却远高于天津市，说明由于用水习惯不同，在单次洗浴用水上北京市要高于天津市。

2）洗衣方式对居民生活用水的影响

调查结果显示，受访家庭中洗衣机的拥有率为 99.8%。但北京市的调查样本中，所有样本的手洗衣物比例平均值只有 29.23%，而天津市高达 41.4%，这也是天津市居民生活用水定额较北京市低的原因之一。

根据洗衣机机理，滚筒式洗衣机最省水，波轮式半自动洗衣机次之，波轮式全自动洗衣机耗水最多。但统计结果显示（表 4-2），天津市和北京市都是采用波轮式半自动洗衣机家庭的居民生活用水定额最低，说明采用这种类型洗衣机进行洗衣时，由于人为控制，一定程度上增大了水的重复利用率，降低了洗衣用水量。此外，由于使用波轮式半自动洗衣机的家庭，一般消费水平相对较低，这也是重要影响因素之一。

表 4-2 各类型洗衣机所占比例及所在家庭的人均生活用水量情况

洗衣机类型	城市	个数	占比/%	平均日用水量/[L/（人·d）]
滚筒式	北京市	282	53.21	201
	天津市	153	30.36	85
波轮式全自动	北京市	224	42.26	211
	天津市	175	34.72	90
波轮式半自动	北京市	21	3.96	168
	天津市	160	34.72	76

3）做饭频率对居民生活用水的影响

调查结果显示（表 4-3），家庭的用水量与做饭次数呈现明显的正相关性。北京市每个家庭平均每周做饭 12 次，做饭频次越高，所对应的居民生活用水实际定额就越大。

表 4-3 北京市做饭频率对居民人均日用水量影响

做饭次数	所占比例/%	平均日用水量/[L/（人·d）]
(0, 5]	25.62	179
(5, 10]	27.13	182

续表

做饭次数	所占比例/%	平均日用水量/[L/ (人·d)]
(10，15]	17.08	189
(15 以上)	30.36	191

天津市每个家庭平均每周做饭次数为 13 次，与北京市相当，说明做饭频次不是造成两市居民生活用水差异的主要因素，其他用水习惯及单次用水量才是主导因素。

4）家庭清洁方式对居民生活用水的影响

从平均用水量上来看，选用自来水拖地的家庭平均用水量明显高于选用废水拖地的家庭，拖地次数的增加也直接导致了平均用水量的增加（表 4-4）。

表 4-4　2021 年天津市不同拖地水源方式的用水量统计

［单位：L/ (人·d)］

每周拖洗次数	自来水	自来水+废水	废水
(0，3]	86.81	77.82	72.64
(3，5]	88.23	87.44	71.95
(5，7]	94.97	94.64	78.04
(7，14]	91.17	85.00	82.14

北京市居民家庭每周折合拖地次数为 3.86 次，而天津市为 3.6 次，两者并没有太大差别。在天津市所有受访家庭中，废水拖地利用率为 47.3%，而北京市 63.57% 以上都是利用自来水进行拖地清洁，利用废水进行拖地的样本数仅为 8%，从而导致居民生活用水量出现一定的差距（图 4-20）。

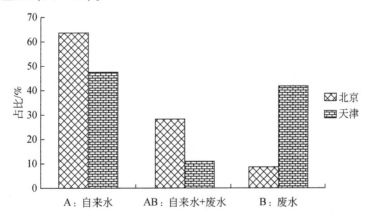

图 4-20　2021 年北京市和天津市拖地水源类型比例

5）冲厕方式与器具对居民生活用水的影响

根据马桶冲水机理，蹲式马桶比坐式马桶节水，而储水量6L以下的坐式节水马桶则比一般马桶节水，前两者都为节水马桶。

问卷调查结果显示，天津市节水马桶普及率为90.3%，废水冲厕利用率为37.0%，自来水水源的坐式节水马桶的利用率最高，高达46.6%。北京市节水器具普及率高，节水马桶普及率达到95%，然而北京市居民家庭马桶冲水水源类型有77%为自来水，废水冲厕比例仅为23%，明显低于天津市。

4.3.4 收入水平对居民生活用水情况的影响

在调查中，划分低、中、高三个收入水平等级，将家庭人均年收入小于或等于2万元划为Ⅰ级收入，2万~5万元（包含5万元）划为Ⅱ级收入，5万元以上（包含5万元）划为Ⅲ级收入。收入水平对北京和天津两地居民日用水量的影响见图4-21和表4-5。北京市居民的收入水平与居民生活用水呈现较为明显的正比关系，天津市居民收入水平与居民生活用水呈现轻微的正比关系。

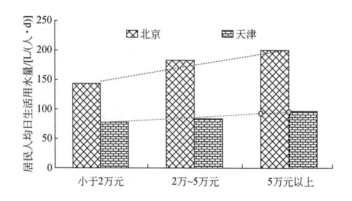

图4-21　北京市和天津市不同收入水平的居民人均日生活用水情况

表4-5　北京市和天津市收入水平对人均日生活用水量的影响

收入水平	Ⅰ级收入		Ⅱ级收入		Ⅲ级收入	
	小于等于2万元		2万~5万元（包含5万元）		5万元以上	
	北京市	天津市	北京市	天津市	北京市	天津市
平均用水量/[L/(人·d)]	143.06	77.86	181.67	83.87	196.81	95.51
样本份数/份	53	141	203	299	271	64
样本比例/%	10.06	27.98	38.52	59.33	51.42	12.70

续表

收入水平	I 级收入		II 级收入		III 级收入	
	小于等于 2 万元		2 万~5 万元（包含 5 万元）		5 万元以上	
	北京市	天津市	北京市	天津市	北京市	天津市
总人口数/万人	197	408	667	943	902	222
人口比例/%	11.2	25.9	37.8	59.9	51.1	14.1

从调查中也不难看出，在调查样本中，北京市家庭人均收入 5 万元以上所占比例为 51.1%，远高于天津市的 14.1%，说明北京市的人均收入较天津市高，这也是北京市居民生活用水定额远高于天津市的重要原因之一。

4.4 超大型城市高效用水调控建议

超大型城市经济发展用水受到资源短缺和环境保护的双重约束，在宏观层面要立足流域和区域水资源承载能力，按照区域水资源合理配置要求，确立"以水定产"和"适水发展"的可持续理念，进一步建立与水资源承载能力相适应的经济结构体系，实施产业适水甄别，设置准入门槛，推进分行业微观节水技术，促进人口、资源、环境与经济社会发展相协调。发挥三元主体的作用，形成政府调控–市场引导–个体参与的联动机制，构建促进用水者自发节水的环境与政策。

4.4.1 严格控制人口过快增长

人口规模的持续扩张和经济社会的快速发展带来水资源需求的刚性增长。《北京城市总体规划（2004 年—2020 年）》中 2020 年规划人口目标是控制在 1800 万人。但 2000 年以来年均增加 60 万人，2005 年以来年均增长 80 万人，2012 年全市常住人口就达 2069 万人，提前 10 年突破规划目标。目前北京市总用水量 36 亿 m^3，其中城市用水（主要为居民生活用水、第二和第三产业用水、城市河湖用水）占全市总用水量的比重由 2000 年的 51% 增加到 74%，属刚性需求量。如果仍然按照现状人口增加幅度和人均年用水 80m^3 考虑，到 2030 年，仅考虑人口增加北京市又将出现年度缺水 6 亿 m^3 以上的困境。人口的持续快速增长不但超过水资源承载能力，而且人口的过度集中同时也加大了安全供水的难度。因此，要严控北京市人口规模，综合运用经济、法律、行政等多种手段，控制人口集聚式增长，促进北京经济圈建设，完善人口疏解对接机制，引导外来务工人员向周边城镇聚集，疏散主城区人口密度，将流动人口向城市发展新区转移，既能减少集中开采与需水压力，又能减少污水排放。

4.4.2　降低阶梯水价起征标准

2014 年 5 月 1 日，北京调整居民水价、非居民水价和特殊行业水价，对于居民用水，年用水量在 180m³ 以下，水价按 5 元/m³；年用水量在 181 ~ 260m³，水价按 7 元/m³；年用水量超过 260m³，水价按 9 元/m³。尽管居民用水价格较以往有所提升，但水价仍然偏低，不能反映水资源的稀缺性。另外，水费支出占家庭支出的比例越来越小。居民用水价格 2004 年为 3.7 元/m³，2009 年为 4.0 元/m³，2014 年为 5.0 元/m³，同期北京市城镇居民人均可支配收入达 1.4 万元、2.7 万元、4 万元，水价上涨的幅度明显低于可支配收入的增长幅度，初步估算 2004 ~ 2014 年家庭水费支出由 1.3% 降低至 0.6%，水费支出比例越来越低，而发达国家家庭水费支出占家庭支出的比例为 1% ~ 3%。

在居民生活用水问卷调查结果中，北京市人均收入低于 2 万元的居民人均生活用水量高达 143.06L/（人·d），比天津市居民人均生活用水量最高值 [95.51L/（人·d）] 还要高。北京市民的洗浴频率主要集中在每周 3 ~ 5 次，这与天津市相差不大，但北京市民每次洗浴所耗费的水量远远大于天津市民。北京市所有样本的手洗衣物比例平均值只有 29.23%，而天津市则高达 41.4%。经计算，北京市民受访家庭节水程度得分平均值为 2.6 分，而天津市民为 2.8 分。2014 年北京市居民节水器具普及率为 96.1%，这充分说明北京市居民节水意识相对薄弱。

针对北京市居民节水意识薄弱和水价引导作用低的现状，北京市应尽快调研水价，降低居民生活阶梯水价起征标准，提高水费支出占家庭支出的比例，建立多用水多付费的阶梯水价形成机制，制定出合理的水价，激发用户节水的积极性；制定生活用水设备高标准节水名录，建立生活用水器具节水补贴制度，引导公众购买最先进的节水设备；提高居民节水意识，提高居民家庭生活用水循环利用率，让居民充分认识节水的重要性，引导居民养成珍惜用水、合理用水、科学用水的良好生活习惯。

4.4.3　推行消费者承担公共服务行业水费的管理模式

2021 年，北京市公共服务用水占生活用水总量的 46%，从公共服务用水结构来看，机关事业单位、学校和宾馆占据较高的用水比例。针对公共服务用水行业种类繁多、消费主体与水费承担主体分离等特点，探索建立由消费者承担公共服务行业水费的节水管理模式，并选取典型行业进行试点。

北京市已经对 50 余个机关事业单位推进了节水型单位创建工作，学校实行 IC 卡计量用水。例如，黑龙江大学采用刷卡式淋浴器后，洗浴者平均洗浴时间由原来的 50min 缩短到 10min，在日洗浴人数和学生洗浴支付费用不变的基础上，人均用水量由 250L 下降到 80L，月耗水量从 3 万 t 降到 0.96 万 t，月节水 2.04 万 t，节水效益显著。北京市应继续推进宾馆、医院等公共服务行业实行 IC 卡计量用水，由消费者承担水费模式，构建用水者自发节水的环境与政策。

4.4.4 制定分行业用水效率红线管理机制

在政府对于产业结构宏观调控的基础上，通过分行业进行用水效率分析，设置明确的效率优劣标准，划定用水效率刚性红线，强制淘汰低于红线标准的低产值行业，逐步剔除高耗水的非主导行业，如图 4-22 所示。

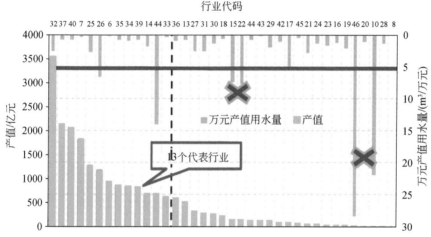

图 4-22 2021 年工业各行业产值和万元产值用水量对比图

32：有色金属冶炼和压延加工业；37：铁路、船舶、航天航空和其他运输设备制造业；40：仪器仪表制造业；7：石油和天然气开采业；25：石油、煤炭及其他燃料加工业；26：化学原料和化学制品制造业；6：煤炭开采和洗选业；35：专用设备制造业；34：通用设备制造业；39：计算机、通信和其他电子设备制造业；14：食品制造业；44：电力、热力生产和供应业；33：金属制品业；36：汽车制造业；13：农副食品加工业；27：医药制造业；31：黑色金属冶炼和压延加工业；30：非金属矿物制品业；18：纺织服装、服饰业；15：酒、饮料和精制茶制造业；22：造纸和纸制品业；43：金属制品、机械和设备修理业；29：橡胶和塑料制品业；42：废弃资源综合利用业；17：纺织业；45：燃气生产和供应业；21：家具制造业；24：文教、工美、体育和娱乐用品制造业；23：印刷和记录媒介复制业；16：烟草制品业；19：皮革、毛皮、羽毛及其制品和制造业；46：水的生产和供应业；20：木材加工和木、竹、藤、棕、草制品业；10：非金属矿采选业；28：化学纤维制造业；8：黑色金属矿采选业

充分发挥水价的引导作用，通常工业用水户对水价的价格浮动比较敏感。以天津市部分企业为例，初始从海河干流直接取水价格为 2.5 元/m³，再生水价格为 2.7 元/m³，企业普遍直接取用海河干流水。天津市决定提高海河干流直接取水价格，定价为 3.0 元/m³，

部分企业立刻开始铺设管网准备利用再生水，单方水价很小的差异就能转变企业的用水习惯。2021 年北京市工业水价的引导作用还没有充分发挥出来，应尽快进行企业、市场调研，制定出合理的水价。

|第5章| 超大型城市多水源调配安全诊断与保障模式

水资源是城市发展不可或缺的资源之一，与人类生活、工农业生产等息息相关，然而水资源的天然分配与人口的聚集、城市的规模并不匹配。由于历史、经济、文化、政治等多方面因素，全国范围内不少人口超千万的超大型城市，其水资源天然禀赋并不优越，或者即便历史上水资源条件较好，也因近几十年人口规模的急剧膨胀而变得日趋紧张。例如，北京市 2020 年的常住人口已达 2189 万人，而 2020 年北京市水资源总量为 25.76 亿 m³，人均水资源量仅为 118m³，大大低于国际公认的人均 1000m³ 的缺水警戒线，成为我国最缺水的超大型城市之一。

开发多水源是超大型城市解决水资源供需矛盾的主要方法之一。一方面，多水源的供水格局有能力提供更为充足的水量，维持城市的用水规模；另一方面，多水源供给比单水源供给保障率更高，避免超大型城市因某一水源破坏而遭受巨大损失。但是不同水源供给的水量、水质、稳定性、成本等各不相同，如何合理调配多种水源是城市亟待解决的问题。本研究以北京市为例，剖析北京市各大水源调配现状及存在的问题，探讨北京市多水源调配目标及模式，提出北京市多水源调配的适应性政策，力图从水资源供给和需求协同发展的角度，为未来北京市水资源规划提供思路。

5.1 北京多水源调配现状

5.1.1 用水总量逐渐增加，供给压力持续增大

1980～2020 年，北京市用水结构共经历四个阶段，如图 5-1 所示。1985～1992 年，北京市用水总量呈上升趋势，农业在用水结构中占比最大，工业次之。由于人口以及工业规模相对较小，经济发展是时代主题，北京市水资源量供需矛盾不突出，当地水资源量基本能够满足经济社会发展需求，对于水资源利用基本上处于无限制管理阶段。1992～2001 年，用水量整体呈下降趋势，由于降水量持续偏低，尤其是在 1999 年以后北京市处于持续枯水年阶段，北京市水资源量呈下降趋势，同时由于北京市人口规模和经济发展对水资

源需求量不断增加，水资源供需矛盾日益突出。因此，通过节水管理提高工业和农业用水效率，控制用水总量，使供水压力得到一定程度上的缓解。2002~2008年，用水总量保持稳定趋势，由于2002年以后城市用水结构中增加生态环境用水，且生态环境用水量呈不断上升状态，实际上农业、工业和生活用水总量仍持续下降。2009~2020年，用水总量再次呈增长趋势，其中农业和工业用水比例不断下降，生活和生态环境用水比例持续增加。为了保障生活用水的安全，北京市已在产业结构调整方面做了诸多努力，例如，关停大型工厂并搬迁出京，农田类型水田改为旱田。因此，生活用水逐渐成为比例最大的用水类型。尽管如此，当地水资源量仍难以满足经济社会发展所需的用水量，水资源供需矛盾问题依然突出。

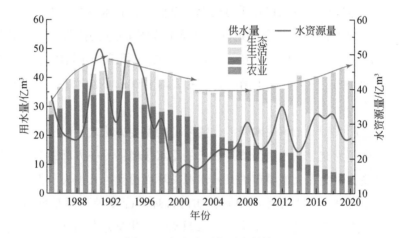

图 5-1　北京市历年用水结构

5.1.2　供给水源不断拓展，调配系统日趋复杂

北京市发展的过程，事实上也是供水水源不断拓展的过程。如图 5-2 所示，1959 年密云水库开始向北京市供水，1980 年官厅水库因北京市用水需求不再向河北供水，1982 年密云水库停止向天津供水，北京成为密云水库唯一供给对象，2004 年第一座再生水厂运行，2008 年为保障奥运会用水，河北四库向北京供水，同年怀柔、平谷、张坊三大应急水源地开始向北京供水，2014 年末，南水北调中线正式向北京供水，未来南水北调东线、西线也可能向北京供水，随着技术的进步，海水淡化、岩溶水也可能成为北京市的供水水源（万文华等，2016）。

伴随着供水水源的丰富，北京市调配系统也日趋复杂。一方面是城市水循环演进特征的复杂化。①城市水循环通量不断增大。垂向上由于用水户增多、用水规模增大、城市下垫面条件变化，以及大气温室效应等因素，城市蒸散发水量显著增多；水平方向，由于城市用水耗水的规模急速膨胀，城市排水规模也相应增长，加上外调水的因素，整个城市水资源循环过程在"供、散、耗、排"四个环节上的通量都显著增长。②城市水循环路径不断延展。城市规模较小，水资源供给矛盾不突出时，城市的水循环路径往往只是"取—用—排"过程，而类似北京这样的超大型城市，城市水循环路径延展为"取水—配水——次利用—重复利用—污水处理—再生—排水"过程。③循环结构日趋复杂。城市水循环系统包含若干要素，在社会水循环要素中包含多个水循环子系统，如再生水利用子系统、工业企业循环或循序利用子系统、建筑中水利用子系统等。另一方面是城市供水系统日趋庞杂。以北京市为例，城六区采用以市管自来水厂为主，区管自来水厂为辅的供水系统，目前市管自来水厂有 10 座，供水能力为 300 万 m^3/d，区管自来水厂有 13 座，供水能力为 19 万 m^3/d。而远郊区仍以地下水供水系统为主，自来水厂有 158 座，供水能力为 153 万 m^3/d。如何协调好城区供水与远郊区供水、地表水供水与地下水供水的关系是一项复杂而巨大的课题，尤其是地下水供水系统，取水井数量多、分布散、取水量不稳定，大大增加了城市水资源调配系统的难度。

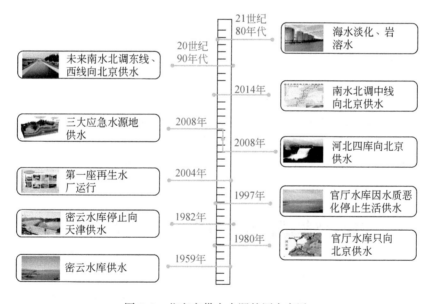

图 5-2 北京市供水水源的历史变迁

5.1.3 调配结构变化显著，"五水联调"初步形成

目前，北京市可调配的供水水源主要有 5 部分：地表水供水、地下水供水、再生水、南水北调水和应急水源供水。从 1980～2020 年北京市供水水源结构变化来看（图 5-3），传统水源供水量呈下降趋势，如地表水和地下水供水量下降，新水源供水量增加，如再生

水和外调水，从 2003 年开始再生水成为北京市的供水水源，至 2013 年再生水供水量已经超过地表水供水量成为第二大供水水源。从 2007 年起外调水也成为北京市供水水源，目前供水量还不多，随着南水北调中线的供水，外调水也将成为北京市主要的供水水源。以 2020 年为例，北京市全市 18 座大中型水库可利用水量为 6.49 亿 m³，包括引黄向官厅水库调水量，南水北调向密云水库、怀柔水库、十三陵水库和桃峪口水库调水量。北京市总供水量为 40.6 亿 m³，其中地表水供水 8.5 亿 m³，占总供水量的 20.9%，官厅、密云两大水库年末蓄水量为 29.02 亿 m³，可利用水量为 6.39 亿 m³。地下水供水 13.5 亿 m³，占总供水量的 33.2%。再生水供水 12.0 亿 m³，占总供水量的 29.6%。南水北调供水 6.6 亿 m³，占总供水量的 16.3%。

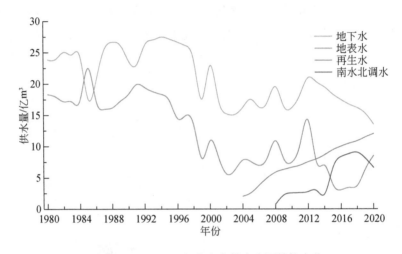

图 5-3　1980～2020 年北京市供水水源结构变化

5.1.4　转嫁性缺水被忽视，未来供水安全不容乐观

从缺水带来的影响来看，我国缺水案例可以分为破坏性缺水、约束性缺水和转嫁性缺水。破坏性缺水是直接给工农业生产和城市居民生活带来损失和影响，如极端的气象干旱事件，造成耕地受旱、人畜饮水困难、财产重大损失等（马黎和汪党献，2008）。约束性缺水表现在水资源对区域经济社会发展的约束，如受水资源管理用水总量控制目标限制，一些高耗水行业被限制发展，前瞻性地保护区域的水资源。转嫁性缺水是通过将水资源的过度开发转嫁至自然系统，造成自然水生态系统的损伤和破坏。北京市属于严重缺水的城市，市民打开水龙头就有水，感受不到缺水的危机，原因在于转嫁性缺水，以掠夺生态用水、超采地下水保证城市发展，而转嫁性缺水最容易被大众忽视，难以提高大众的节水意识。目前，北京市人均水资源量仅高于 100m³，远远低于全国人均水资源量 2100m³，是全

国人均水资源最少的地区。为了应对城市供水，北京市通过动用水库库存、超采地下水、掠夺生态水等保证了城市用水。但十几年间，密云、官厅两大水库蓄水量减少了 20 亿 m^3，全市地下水储量减少了 65 亿 m^3，地下水位平均每年下降 1.2m，河道断流、湿地萎缩、井泉枯竭等都是转嫁性缺水的表现。

目前北京市水资源供需平衡主要依靠超采地下水、吃空战略储备、境外调水、再生水利用维持脆弱平衡。北京市现状总用水量为 40.6 亿 m^3，本地水资源总量仅 25.8 亿 m^3，其中本地地下水水源地供水 13.5 亿 m^3，引黄河水全年入境水量 0.5 亿 m^3，南水北调中线工程为北京市供水 6.6 亿 m^3，扣除替代应急水源地供水量和超采量，基本上没有剩余的水支撑城市的进一步发展。同时北京市人口规模仍在持续膨胀，《北京城市总体规划（2016 年–2035 年）》中 2035 年规划人口目标是控制在 2300 万人，事实上 2020 年全市常住人口就达到 2189 万人，常住人口规模临近控制目标。加之经济社会仍不断发展使水资源需求持续上升，如果没有外调水源保证，仍然只能依靠超采地下水解决，必然又将陷入新一轮的生态破坏期（万育生和靳顶，2001）。

5.2　北京多水源调配问题剖析

5.2.1　本地可供水量衰减剧烈

自 1983 年以来，北京市经济社会高速发展，而水资源量没有相应增加反而大幅减少。1983 ~ 2020 年北京市常住人口数量由 950 万人骤增到 2189 万人，常住人口增加了 1239 万人，年均增长 33.5 万人；地区生产总值由不足 183 亿元增长到 35943 亿元，增长 195 倍；人均 GDP 由 1943 元增长到 164158 元，年均增长 13%。根据 1956 ~ 2000 年水资源评价成果，2020 年北京市水资源总量 25.8 亿 m^3，其中地表水资源 8.3 亿 m^3、地下水资源 17.5 亿 m^3。近年来北京市水资源急剧衰减，根据 2000 ~ 2020 年水资源评价成果，北京市平均降水量为 521mm，比 1956 ~ 2020 年的平均降水量 560mm 少了将近 7%（图5-4），入境水量也由 1956 ~ 2000 年平均 21.1 亿 m^3 锐减到 6.6 亿 m^3。

通过对北京市近 541 年旱涝资料分析（图5-5），结果表明北京地区旱涝交替出现，并且呈现出长期干旱特征，如 30 ~ 50 年持续干旱的情况多次发生，且最近 100 年是 500 多年来干旱最为严重的一百年，而近 50 年又比前 50 年更加严重，1999 年以来北京市的持续干旱也证明了这一观点。而根据预测北京市在未来几年的干旱态势可能仍将持续，北京市供水紧张的局面短期内将很难逆转。

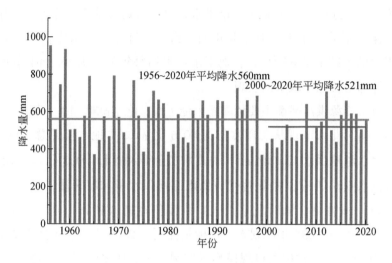

图 5-4　1956～2020 年北京市降水量变化

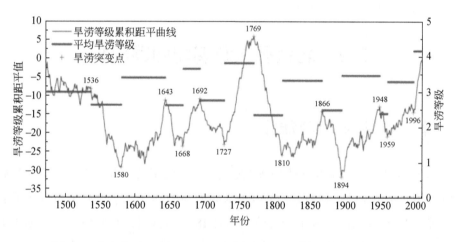

图 5-5　北京市近 541 年（1476～2018 年）旱涝等级累积距平值分析

5.2.2　城市供水安全系数偏低

北京市区近年来最高日供水量屡创新高（表 5-1），2007 年最高日供水量为 242.5 万 m^3，到 2020 年最高日供水量已飙升到 331.4 万 m^3，自来水厂的供水压力越来越大。2012 年北京市中心城区供水安全系数仅为 1.05，2014 年南水北调通水后供水安全系数增长到 1.2，仍低于国际上其他超大型城市 1.3～1.5，经常出现夏季供水高峰期供水紧张的状况。在大规模人口聚居区，如通州甚至在夏季用水高峰时频繁出现停水现象，极大地影响了居民的正常生活。

表 5-1 北京市历年中心城区最高日供水量 　　　　（单位：万 m³）

年份	2007	2008	2009	2010	2011	2012	2013
最高日供水量	242.5	246.1	278.8	288.4	274.4	277.9	310.4
年份	2014	2015	2016	2017	2018	2019	2020
最高日供水量	310.4	332.7	337.3	334.7	346.6	362.9	331.4

5.2.3 供给水源竞争范围扩大

海河流域整体上属于重度缺水地区，流域上下游省份用水竞争激烈（图 5-6）。

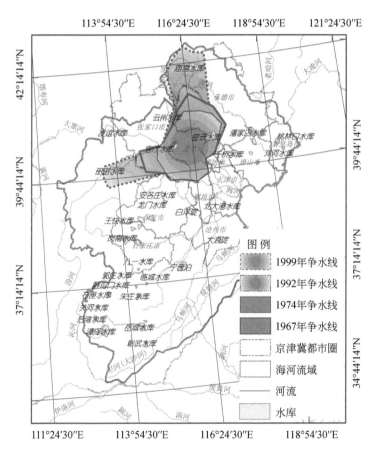

图 5-6 北京市水资源触角年代演变模拟图

5.2.4 透支生态用水维持供给

在南水北调中线通水前，北京市一直靠超采地下水维持供给，由于连年的超采，北京市地下水位下降明显，见图 5-7，到 2012 年末埋深已达 24.3m，储量较 1960 年减少了 8.4 亿 m³。全市超采面积达 5980km²，其中严重超采区面积为 2186km²。四处应急水源地自启用以来，连续超采已不能按照设计要求实现采样交替，地下水水位年均下降 3 ~ 5m。

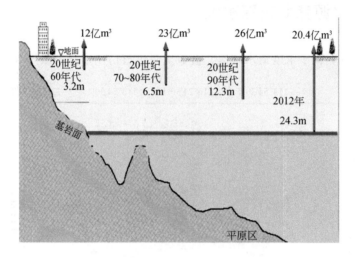

图 5-7　北京市地下水位变化及超采区范围

近几十年北京市湿地面积大幅萎缩，1960 年北京市湿地面积为 12 万 hm²，占北京市总面积的 7.3%；1980 年减少为 7.5hm²，占北京市总面积的 4.6%；到 2012 年北京市的湿地面积减少到 5.1 万 hm²，占北京市总面积的 3.1%。城市河湖景观用水也无法保证。2020 年，北京市河湖景观 17.4 亿 m³ 的用水总量中，有 12 亿 m³ 为再生水，比例为 69%，圆明园、朝阳公园、龙潭湖公园等已全部改由再生水供给。虽然再生水回补了一些生态基流，但规模仍然偏小。

5.3　超大型城市多水源调配目标

水资源供需矛盾是超大型城市面临的最突出问题。我国北方超大型城市普遍的问题是水资源承载能力不足，许多新兴的超大型城市还有用水效率低、水资源污染等问题。对于供水侧，一方面城市本身的水资源承载力有限，新水源开发的速度跟不上城市扩张的速度；另一方面用水结构调整存在滞后性，不能迅速适应城市发展条件。对于需水侧，一方面人口膨胀带来的生活用水量激增，短期内难以压缩，甚至继续增长，而工业、农业用水已经大幅压缩，未来可压缩的空间有限；另一方面用水效率和节水意识与发达国家仍存在较大的差距，且很难在短期内有明显的突破。针对这些问题，需要结合超大型城市水资源特点，依据超大型城市多水源调配的目标，制定出合理的调配模式，才能解决超大型城市水资源短缺的问题。

5.3.1　多水源高效率开发、调配、利用

首先，多水源开发需要高效率。水资源开发前要充分评估、规划，统筹考虑其经济价值、生态价值和社会价值，努力实现水资源的低影响开发、低碳开发、低能耗开发等目标。其次，多水源配置需要高效率。将传统的宏观配置模式转化为精细化配置模式，对城市水资源循环的全过程进行最优化配置，实现水资源的"物尽其用"。最后，多水源利用需要高效率。提高水资源利用效率对缺水的城市来说至关重要，执行最严格水资源管理制度，淘汰落后的生产工艺，提高水资源的重复利用率，在全民中普及节水意识等。

5.3.2　多水源高保障供给

首先，水源需要高保障。实现多水源供给，既要有稳定的常规供水水源，也要有充足的应急备用水源。其次，供水需要高保障。城市内实行环状管道线路供给，避免单一线路损坏对水源供给的影响，合理地规划水源与水厂，水厂与用户的配置关系，以精细化配置为发展方向。最后，水质需要高保障。要求开发出水质良好的供水水源，采用分质供水，提高水质污染应急管理的能力，及时地阻断污染传播路径，并及时调配其他水源保证供水。

5.3.3　多水源可持续利用

首先，保证水资源可持续利用。有限的水资源既要满足当代人的发展需求，也要为子孙后代留下用水空间，保证天然水源不因其开发利用而逐渐枯竭。其次，保证水生态环境的可持续维护。一方面要保证河道生态流量，为河道动植物提供生存空间；另一方面要保证河道水质清洁达标，避免"有河皆干，有水皆污"的现象发生。最后，要保证城市的可持续发展。坚持以水定城、以水定地、以水定人、以水定产原则，实现水资源与城市发展持续和谐的目标。

5.4 北京多水源调配模式

城市规模持续扩张，宏观约束屡次失灵，经济社会超预期增长是水资源危机的根本原因（图 5-8）。改革开放以来，北京市制订过三次城市总体规划，预期人口指标都在规划期 1/3 的时间被突破。北京市水安全问题症结是人口无序过快增长，深层次原因是功能过度集中，人口规模的持续膨胀已经远超过城市的水资源承载能力，需要实行有约束力的需求调控。

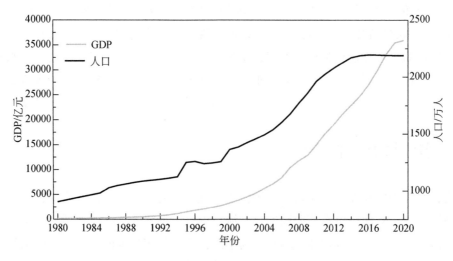

图 5-8　北京市历年 GDP 与人口规模发展趋势

要实现水资源可持续的目标需要构建适水的城市发展规模和经济社会体系，建立有约束力的需求控制体系。坚持以水定需、量水而行、因水制宜，坚持以水定城、以水定地、以水定人、以水定产的原则，推动适水城市发展。首先，要划定城市发展红线，落实北京城市战略定位，疏解和调整非首都核心功能，控制人口规模，推动京津冀协同发展，分散北京人口压力。其次，要优化产业结构和布局，坚决限制高耗水、低效益产业发展，淘汰落后产能，封杀高污染行业，迁移人口密集型产业，鼓励发展技术含量高、节水效果好的产业。再次，促进各行业深度节水，工业上重点发展用水效率高的现代制造业，鼓励企业内部循环水再利用，改进生产工艺，实行控制企业用水总量等管理方式。农业上，推广新的节水灌溉模式，如滴灌、喷灌、再生水灌溉等方式，对有条件的地区推广温室、大棚种植方式，实施精细化农业，可以有效地提高水利用效率。生活上，实施阶梯水价，提高居民的节水意识，形成节水习惯，推广节水器具，鼓励全民节约用水。严控高耗水的服务业，对洗车、洗浴、纯净水、高尔夫、滑雪场实行特殊水价。最后，强化水资源利用管理，加快落实最严格水管理制度，深化水行政审批制度改革，积极创新体制机制，提升水资源管理水平。例如将"水影响评价审查"作为建设项目立项的前置条件，目的是要将水资源管理利用控制在源头，避免社会各界无端浪费各种自然资源。

5.4.1 保障生态配水的充分供给

生态用水在水资源配置中处于最弱势地位，基本生态用水优先度落后于生活用水、工业用水和农业用水是水生态危机的原因。水生态的可持续是水资源调配可持续必不可少的组成部分，实现水生态的可持续需要：第一，建立基本生态用水保障制度，把基本生态用水放在生活水和工业用水同等重要的地位，降低河道水资源开发利用程度，保证河道的生态基流，严禁污染物入河，避免污染河道水质，破坏水环境；第二，维持城市河湖基本景观用水，优先使用再生水，采用生态处理净化水工艺，打造城市亲水景观廊道，提高城市品位。

政策保障方面建立生态补偿制度，是大力推进生态文明建设的重要措施，水生态补偿机制是国家生态补偿制度的重要组成部分。建立水生态补偿机制，是贯彻落实党的十八大精神和 2011 年中央 1 号文件的重要任务。应加快推进生态补偿立法，按照"谁排污、谁出钱，谁保护、谁受益"的原则，建立水资源费征收返还机制。涉及跨省际的生态补偿，由中央政府与流域各省共同建立生态补偿专项基金，根据双方交界水量、水质变化情况，动态调整转型使用资金。水生态补偿机制的关键是建立水源区与受水区之间的利益协调机制，对境内或者跨省市的水源区进行补偿，包括水源区的直接投入损失补偿和机会损失补偿的全口径补偿模式（张楠，2022）。

5.4.2 挖掘域内水源的保障潜力

境内水资源高效利用是保障城市供水安全的基石，然而由于多年的水资源过度开发，北京市境内的水资源储备已严重透支，不仅不能满足作为储备水源的要求，甚至已面临枯竭的风险。在水资源已经严重开发透支的背景下，北京市首先要加强地下水恢复和涵养，建立地下水资源储备制度，利用南水北调入密云调蓄工程，建设调蓄库容约 20 亿 m^3 的密怀顺、平谷、西郊、昌平四处地下水储备。利用汉石桥、南海子等湿地和蓄滞洪区，涵养回补地下水。其次要强化密云水库等地表水源储备。利用南水北调初期河南、河北、天津配套工程尚未完工，有富余水量的有利契机，加快实施南水北调来水调蓄等工程，以及新开调水通道后多水源供水条件，实现多调水，多存水，尽快补偿多年超采境内水资源的历史欠账。最后要构建互联互通水源与配水网络，实现水源间可以互相调整、互相补充，保证水源和配水安全。采用"环状+放射线"的格局布置供水管网，由水厂制水，中间的供水站配合供水，提高供水保障率。

5.4.3　拓展外部水源的应用规模

相对其他国家的超大型城市，北京市的天然水资源禀赋并不优良，天然降水量小，过境河流水资源也不丰富，世界范围内几个超大型城市水资源条件对比见表 5-2。北京市的城市规模、人口规模都已远超本地水资源的承载能力，在短期内人口规模不会减小的现实条件下，只有充分利用外部水源，加大跨流域调水力度，境内水资源与境外水资源综合利用才能保障城市的供水安全。

表 5-2　2021 年各超大型城市水资源禀赋对比

城市	降水量/mm	过境河流	年径流量/亿 m³
北京	560	潮白河、永定河	4
伦敦	611	泰晤士河、李河	19
东京	1533	河根川、荒川	140
纽约	1200	哈德孙河	191
巴黎	642	塞纳河	158

在北京市现状水源和需求格局下，充分利用境外水源是北京市水安全的保障，可能的境外水源途径包括：

1）南水北调工程

南水北调中线一期多年平均北调水量为 95 亿 m³，考虑损失后，净供水量为 85 亿 m³。其中北京市多年平均配水量为 12.38 亿 m³，入境水量为 10.52 亿 m³。在南水北调中线一期工程通水基础上，挖掘现有渠道输水潜力，争取扩大南水北调中线调水规模，利用丹江口丰水年或河南、河北两省富余水量争取多调水。

南水北调东线一期已经向江苏和山东两省供水，二期工程已提上议事日程，供水范围扩大至河北、天津，干渠终点到天津市北大港水库，年向天津市供水 8 亿 m³。综合考虑干渠调水能力，在保障天津市用水需求的基础上，可实施引水济京工程，争取年向北京调水超过 3 亿 m³。

南水北调西线工程，是从长江上游干支流调水入黄河上游的跨流域调水重大工程，是补充黄河水资源不足，解决我国西北地区干旱缺水的重大战略措施。可将北京市、张家口市、大同市等城市纳入南水北调西线调水受水区域，共同实施万家寨引水工程，利用黄河、永定河及上游桑干河新增调水 5 亿 ~8 亿 m³，在北京市西部新辟一条大规模调水通道。西线调水可利用册田水库、官厅水库调蓄，不仅可向大同市、张家口市、北京市及廊坊市等城市供水，还能恢复永定河流域生态屏障功能，促进永定河生态经济带建设。

2）滦河与潮白河连通，大清河与永定河连通

滦河水量较为丰沛，潘家口水电站多年平均径流量为 24.5 亿 m³，滦县站多年平均径流量为 46.3 亿 m³，水资源开发利用仍有一定的潜力。滦河水资源通过潘家口水库及大黑汀水库供水天津、唐山两市，成功地解决了天津市严重缺水的燃眉之急，滦河水资源相对丰富，潘家口水库、大黑汀水库下游仍有相当部分的弃水，这为北京市引滦济京提供可能。若滦河、潮白河连通，可将滦河水作为北京市应急水源地，特殊干旱年或突发情况下向北京市供水。

实施大清河水系与永定河水系连通工程，可向永定河平原地区补水。

3）构建京津冀一体化水网

以自然水系为静脉，以南水北调东线、中线、万家寨引水工程、引黄入冀补淀等国家级调水工程和海水淡化进京工程为动脉，形成阡陌交错的水资源保障网。以河为轴，以水为魂，以水库和湖泊湿地为点缀，形成林水相依的水生态修复网。以河道堤防为基础，大中型水库为骨干，蓄滞洪区为依托，形成蓄滞疏排并举的防洪减灾网。水资源保障、水生态修复和防洪减灾三网合一，构建地上地下、互连互通、联动联调、丰枯互补、管理高效的京津冀一体化水网，真正实现区域防洪、供水和生态的协调统一。

5.4.4 构建互联互通的水系格局

北京"三水联调保供给，三环碧水绕京城，十区清川润新城，万顷碧波惠民生"的地表水系格局，实现构思的一项重要工作就是统筹中小河道治理，加快区域河湖水系连通同城建设。以区域水环境改善为重点，积极推进中小河道治理，加快流域水系连通和区域水体循环工程建设，构建有特色的区域水循环利用新格局，具体为连通六海、筒子河、菖蒲河等河湖，形成 20km 的"一环"环状水带，保证核心区的水环境安全；连通长河、北护城河、南护城河、通惠河等 10 条河道及玉渊潭、龙潭湖、朝阳公园等 8 个公园湖泊，形成约 60km 的"二环"环状水带，保证中心区的水环境安全；连通永定河、京密引水渠、北运河及东沙河、北沙河、南沙河、凉水河、新凤河等河道，形成约 230km 的"三环"环状水带。

5.4.5 提高非常规水源配置比重

1）发展利用淡化水

实施"海水开源"工程，发展海水淡化产业，既有缓解京津冀水资源短缺的现实意义，更是提升综合国力、确保国家安全和可持续发展的战略要求。目前天津市、沧州市黄骅市、唐山市曹妃甸区等地的海水淡化已经初具规模，总产量为 36 万 t/d。建议形成国家主导、地方配套、企业投入的多元投资模式，将曹妃甸区海水综合利用基地列入国家海水淡化产业基地试点，将海水淡化入京工程列入国家级试点工程，重点支持、尽早建设，以起到引导产业布局向有利于淡化水资源利用方向倾斜的作用，使海水淡化利用战略有实质性进展，切实有效地改善首都圈水资源结构。

2）加快扩大再生水利用规模

将小红门再生水厂的再生水调至永定河稻田水库，通过湿地进一步净化后，满足永定河下段的用水需求，并通过水量调配，给大兴西南部提供环境用水。同时，新建小红门再生水管线与高碑店再生水管线的联络线，实现两个水厂在应急情况下的联调功能。

通过建设泵站和输水管线工程，将高碑店污水处理厂升级改造后的再生水分别调至通惠河上段和窑洼湖，为通惠河、萧太后河、大羊坊沟、大柳树沟、观音堂沟、东南郊灌渠等河湖输送环境用水，改善城区东南部水环境。

3）完善非常规水利用激励机制

目前北京市再生水生产规模已达 12 亿 m^3，是仅次于地下水的第二大水源，而目前北京市再生水的利用效率并不高，主要用于城市河湖景观用水、市政用水等，工业、农业甚至家庭生活都是再生水的潜在用户，因缺乏必要的引导和激励机制普遍没有把再生水当成供水水源，需要在价格激励和政策优惠两方面尽快拓展再生水用户，提高再生水利用水平。

价格激励方面，在保证安全的前提下鼓励再生水、海水淡化利用，非常规水可采用价格递减的阶梯水价，非常规水用量越多价格越低，对积极利用非常规水的企业进行表彰和物质奖励。

政策优惠方面，对非常规水利用的企业用户，在税收、电价、土地利用、技术服务、资金补助、贴息支持等方面进行优惠。

5.4.6　实施全过程的精细化调配

传统的水资源宏观配置过程只是把水资源分配到各个行业，农业、工业、生态环境、生活之间的配水比例，是靠模型的优化算法计算得出，计算成果只能指导行业用水间的水量分配，而各行业单个用水户的实际用水需求、水量分配在宏观配置模型中很难被考虑，因此，宏观配置模型只是社会水循环调配过程的一部分，需要在宏观配置模型的基础上进行精细化配置，根据各行业各用水户的实际用水需求、实际用水过程，考虑水资源的重复利用等多个因素对水资源分配的全过程进行优化。具体实施包括两个方面：一是跨区域的水资源精细化调度管理；二是城市水资源精细化调配。

1）实现跨流域的水资源精细化调度管理

第一，对潮白河流域水库群联合调度进行精细化调配，保证密云水库入库水量水质；第二，对永定河流域水库群联合调度进行精细化调配，保证官厅水库入库水量水质；第三，对南水北调中线全线联调运行进行精细化调配，实现常态与应急相结合，中线与沿线大型水库联合调度。

2）城市水资源精细化调配

以社会水循环全过程拓扑网络为基础，采用优化的配置方法，实现水源—水厂—用户—再生水—再利用社会水循环全过程的精细化调配，同时也可作为未来智能水网的基础平台（图5-9）。

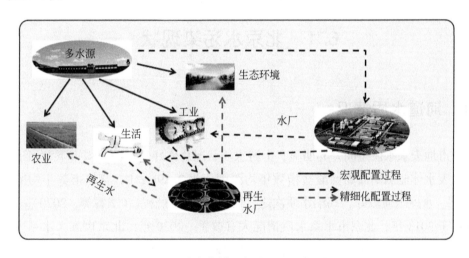

图 5-9 社会水循环全过程配置流程图

第6章 超大型城市排水健康诊断与水污染全过程防治

水污染日益严重是超大型城市所面临的共性问题，本章基于北京市水污染状况、污水排放以及污水处理等情况调研，力求揭示超大型城市水污染成因及污染防治所面临的问题，并依此提出超大型城市水污染全过程防治建议。

6.1 北京水污染现状

6.1.1 河道水质情况

北京市地表水水质空间差异明显，上游水质状况总体好于下游，城市下游河道水污染严重。地表水体监测断面高锰酸盐指数年均浓度值为 7.89mg/L，氨氮指数年均浓度值为 6.17mg/L。水库水质较好，湖泊水质次之，河流水质相对较差（王睿等，2020）。

相比于 2013 年，北京市水系水质情况大有改善。2020 年，北京市五大水系中，监测有水河流 98 段，河长 2319.6km，无水河流 11 段。其中，永定河水系有水河流 10 段，无水河流 2 段；潮白河水系有水河流 23 段，无水河流 1 段；北运河水系有水河流 48 段，无水河流 4 段；大清河水系有水河流 10 段，无水河流 1 段；蓟运河水系有水河流 7 段，无水河流 2 段。在五大水系中，2020 年 I–III 类水质河长占监测总长度的 63.8%；IV–V 类水质河长占监测总长度的 33.8%；劣 V 类水质河长占监测总长度的 2.4%；主要污染指标为生化需氧量（BOD）、总磷、化学需氧量（COD）等，污染类型属有机污染型。2020 年北京市五大水系水质类别长度占比统计结果如图 6-1 所示，五大水系中，潮白河水系水质最好，永定河水系和蓟运河水系次之；大清河水系和北运河水系水质总体较差。

生态清洁小流域数量增多，流域面积不断增加，且达标率持续上升。2020 年北京市全市生态清洁小流域数量共 480 条，流域面积为 63.5 万 hm²，达标率为 44.2%。

2006~2020 年地表水环境质量情况如图 6-2 所示，总体来说，近年来北京市地表水环境质量并未呈转好的趋势，水质达标率都在 50% 上下浮动，没有明显改善。

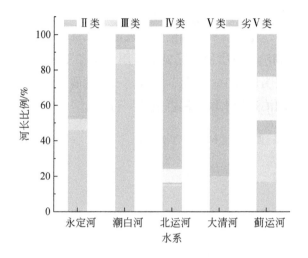

图 6-1　2020 年北京市五大水系水质类别长度占比统计

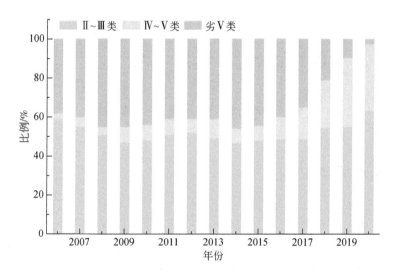

图 6-2　2006～2020 年北京市地表水环境质量情况

6.1.2　湖泊水环境情况

近十几年来北京市 20 个监测湖泊的水质营养状态级别监测结果如图 6-3 所示,北京市湖泊富营养化现象有所改善。2013 年中营养状态的湖泊数为 3 个,占监测湖泊总数的 15%,轻度富营养的湖泊数为 7 个,占监测湖泊总数的 35%,中度富营养的湖泊数为 7 个,占监测湖泊总数的 35%,重度富营养的湖泊数为 3 个,占监测湖泊总数的 15%。2020 年中营养状态的湖泊数为 6 个,占监测湖泊总数的 27%,轻度富营养的湖泊数为 11

个，占监测湖泊总数的50%，中度富营养的湖泊数为5个，占监测湖泊总数的23%。湖泊主要污染物指标为总磷、化学需氧量和生化需氧量。北京市近年来积极开展流域综合治理，2006～2020年北京湖泊环境质量情况显示（图6-3），近年来北京市劣V类水质的湖泊面积占评价面积的比例明显减少。但是，随着城市的发展，近年来北京市符合Ⅱ～Ⅲ类的湖泊面积明显减少，湖泊达标水域比例也呈减少趋势。

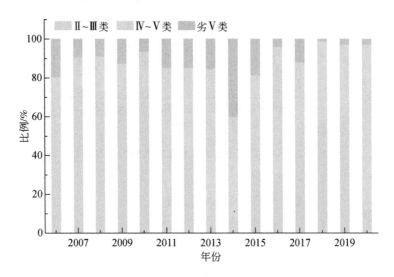

图6-3　2006～2020年北京湖泊环境质量情况

6.1.3　水库水质情况

2020年北京市全市18座大、中型水库，平均总蓄水量为30.6亿 m^3，其中Ⅰ～Ⅲ类水质水库占监测总蓄水量的84.6%，Ⅳ类水质水库占监测总蓄水量的15.4%（图6-4）。与2006年相比，Ⅰ～Ⅲ类比例有所下降，主要污染物指标为总磷、化学需氧量、生化需氧量和氟化物。密云水库和怀柔水库水质符合饮用水源水质标准，营养级别属于中营养。官厅水库水质为Ⅳ类，不符合规划水质要求，主要污染指标为化学需氧量、高锰酸盐指数、氟化物及总磷。

6.1.4　地下水水质情况

全市地下水水质总体呈上升趋势，浅层地下水与地表水和大气降水联系密切，水质易受到扰动；深层地下水水质保持天然状态，主要受到铁、锰、氟化物等水文地质化学背景影响。

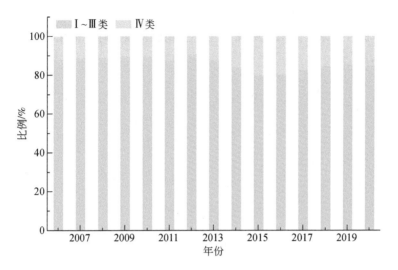

图 6-4　2006～2020 年北京市水库水质情况

2006～2020 年，全市浅层地下水水质为Ⅰ～Ⅲ类水质标准的面积占平原区总面积的比例由 63% 上升至 70%（图 6-5）。2006 年，全市浅层地下水符合Ⅲ类水质标准的面积为 4060km²，占平原区总面积的 63.2%；Ⅳ～Ⅴ类水质标准的面积为 2340km²，占平原区总面积的 36.8%。2020 年，全市浅层地下水符合Ⅲ类水质标准的面积为 4837km²，占平原区总面积的 70.1%；Ⅳ～Ⅴ类水质标准的面积为 2063km²，占平原区总面积的 29.9%。

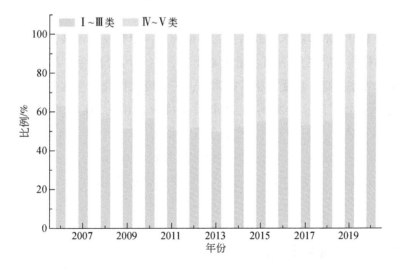

图 6-5　2006～2020 年北京市浅层地下水环境质量

近年来，北京市符合Ⅲ类水质标准的平原区面积持续减少，地下水污染形势有所改善。浅层地下水主要超标指标为总硬度、锰、硝酸盐、溶解性总固体等。

北京市深层地下水综合质量明显好于浅层地下水，水质保持天然状态。2020 年符合Ⅲ类水质标准的面积占平原区面积的 95%，主要受到铁、锰、砷、氟化物等水文地质化学背景的影响（图 6-6）。

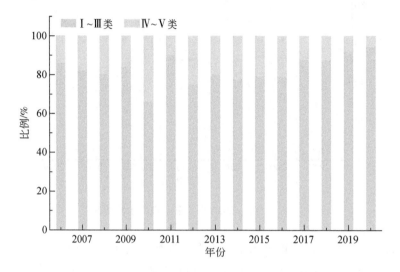

图 6-6　2006～2020 年北京市深层地下水环境质量情况

6.2　北京污水排放情况

根据统计年鉴中北京市污水排放情况的数据统计，随着经济发展，城市人口增加以及人民生活水平的提高，居民生活用水量大幅上升，生活污水在污水总量中的比重越来越大。因工业用水效率提高并且受严格管控影响，工业废水排放量呈逐年下降趋势，占污水排放总量的比重不断下降。2020 年北京市污水排放总量为 20.42 亿 t，污水处理量为 19.41 亿 t，污水处理率为 95.0%。其中，工业化学需氧量排放量 1413t，工业氨氮排放量 34t，生活化学需氧量排放量 4.04 亿 t，生活氨氮排放量 0.26 亿 t。工业废水排放总量为 0.73 亿 t，占污水排放总量的 3.6%，生活污水排放总量为 19.69 亿 t，占污水排放总量的 96.4%。

6.2.1　工业污水排放情况

2020 年北京市共排放工业污水 0.73 亿 t，工业化学需氧量排放量为 1413t，工业氨氮排放量为 34.2t，相比于 2006 年，工业污水排放量减少 28%，工业化学需氧量排放量减少约 85%，工业氨氮排放量减少 95%（图 6-7～图 6-9）。工业污水主要污染物逐年排放量的变化情况如图 6-8 及图 6-9 所示，随着工业结构调整和水循环利用技术的推广应用，北京市工业污水中化学需氧量和氨氮的排放量呈逐年减少趋势。

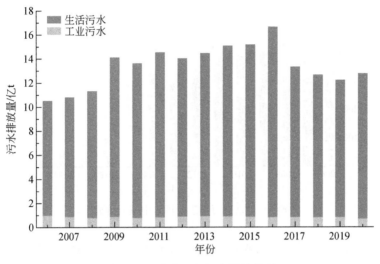

图 6-7　北京市历年污水排放情况

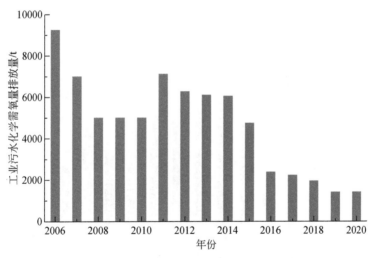

图 6-8　北京市历年工业污水中化学需氧量排放量

6.2.2　生活污水排放情况

根据北京市生活污水中化学需氧量排放量和氨氮排放量的数据统计，由于城镇污水处理率和达标率的严格把控，生活污水排放引起的水环境污染风险在不断降低。相比于 2006 年，生活污水化学需氧量排放量减少约 60%，生活污水氨氮排放量减少 79%。2020 年北

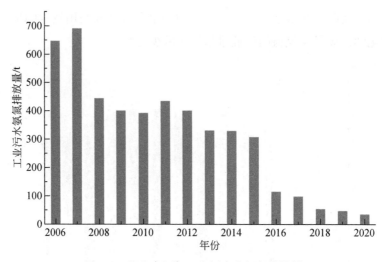

图6-9 北京市历年工业污水中氨氮排放量

京市生活污水化学需氧量排放量为4.05万t（图6-10），生活污水氨氮排放量为0.26万t（图6-11）。由于北京市生活污水排放量已超过全市污水总量的93%，且其中含有大量有机物，其化学需氧量排放量占全市排放总量的50.4%，氨氮排放量占全市排放总量的72.1%。

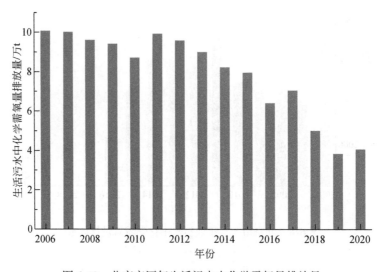

图6-10 北京市历年生活污水中化学需氧量排放量

6.2.3 农业面源污染情况

2009年以前，北京每亩耕地施化肥达100kg，2009年以后减少到每亩施用60kg，肥料

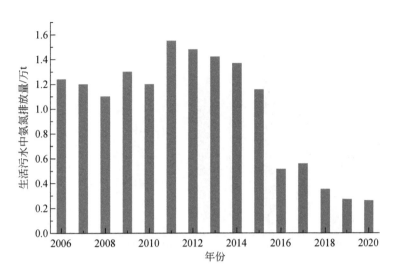

图 6-11　北京市历年生活污水中氨氮排放量

利用率提高 9 个百分点。2006 年，北京市农作物播种面积为 32.0 万 hm^2，化肥折纯施用量共计 14.8 万 t，2020 年农作物播种面积 10.2 万 hm^2，相比于 2006 年下降 68%，化肥折纯施用量共计 6.1 万 t，相比于 2006 年下降 59%。

　　面源污染统计值显示（图 6-12 和图 6-13），2020 年北京市农业化学需氧量排放量为 1.14 万 t，相比于 2011 年下降 86%，氨氮排放量为 0.02 万 t，相比于 2011 年下降 97%。近年来随着农业污染治理的加强，农业农村生态环境问题得到有效改善。

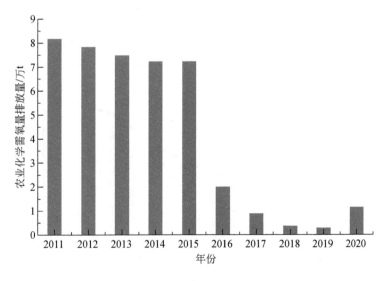

图 6-12　北京市历年农业化学需氧量排放量

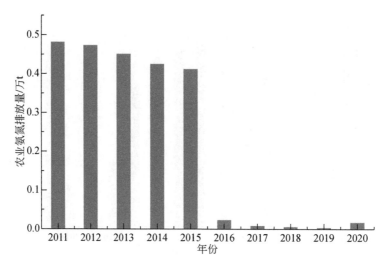

图 6-13　北京市历年农业氨氮排放量

6.3　北京污水处理及运行情况

6.3.1　污水处理及排放情况

随着经济的快速发展和人口的急剧增加，北京市污水排放量逐年增加（图 6-14）。2020 年全市污水排放总量达到了 20.42 亿 t，为进一步改善水环境和再生水资源利用，北

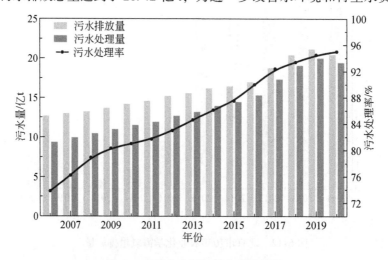

图 6-14　北京市历年污水排放情况

京市不断加大污水处理厂的建设投入，2020 年北京市污水处理量达 19.41 亿 t，全市平均污水处理率为 95.0%。

从区域污水排放和处理情况来看，城区人口总数和经济总量远高于郊区，所以产生的污水总量较多，占北京市污水排放总量的 65.8%，2020 年城六区污水排放总量为 11.17 亿 m³，污水处理量为 10.95 亿 m³，污水处理率 98.0%。郊区污水排放量为 5.81 亿 m³，污水处理量为 4.34 亿 m³，平均污水处理率为 74.7%，中心城区污水处理率高于郊区。

虽然北京市加大了污水处理厂建设的投入，污水处理率也逐年增加，但每年仍有大量污水未经处理直接排放。2020 年北京市共有 1.01 亿 m³ 污水直接排放，对水环境造成了严重的污染。

6.3.2　污水处理厂运营情况

2020 年，北京市城镇污水处理厂 70 座，设计处理规模 687.9 万 m³/d，村级污水处理厂 1095 座，设计处理规模 39.8 万 m³/d，实际处理量 531.7 万 m³/d，污水处理厂平均运行负荷 77.3%（表 6-1）。

表 6-1　2020 年北京市集中式污水处理厂信息

区域	污水处理厂数/座	设计处理规模/(亿 m³/d)	实际处理量/(亿 m³/d)	运行负荷/%
北京市	70	687.9	531.7	77.3
城六区	23	461.2	358.9	77.8
房山区	8	27.6	20.6	74.7
通州区	7	31.8	23.7	74.6
顺义区	9	44.2	23.6	53.3
昌平区	9	38.9	26.5	68.9
大兴区	5	26.6	20.4	76.5
门头沟区	1	8.0	4.3	53.6
怀柔区	1	13.0	7.0	53.7
平谷区	2	9.1	6.8	74.4
密云区	1	6.5	3.9	59.5
延庆区	1	6.0	3.9	64.3
经济技术开发区	3	15.0	16.6	>100

从区域污水处理厂运营情况来看，城六区 23 座污水处理厂平均运行负荷 77.8%，北京市经济技术开发区 3 座污水处理厂均处于超负荷运行状态，大量设备少有停产减产维护间隙，高峰期污水无法及时处理直接排放，致使污水处理厂超标排放。北京市郊县污水处

理厂平均运行负荷62.8%，不同污水处理设施的管理水平和运行情况存在较大差异，郊区47座污水处理厂中有8座运行负荷达到或者超过100%，而20座污水处理厂运行负荷不足50%。

从应用技术来看，目前北京市污水处理工艺除了传统的活性污泥法，还有很多国外新技术新工艺，诸如厌氧/好氧工艺、厌氧/缺氧/好氧工艺、序列间歇式活性污泥法、横向流化床城市污水处理技术、膜生物反应器及氧化沟法等在北京市城市污水处理厂均得到了应用。

由于污水处理厂建造时间以及应用工艺各不相同，各厂实行的排放标准存在很大差异（表6-2）。2020年北京市70座外排集中式污水处理厂中，有6座执行《城镇污水处理厂污染物排放标准》（GB 18918—2002）中的国家一级A标准处理级别，10座执行国家一级B标准，8座执行《水污染物综合排放标准》（DB11/307—2013）中的北京市地标一级A标准处理级别，其余46座执行北京市地标一级B标准。北京市地方标准中对于污水排放标准的限定值高于国家标准，整体上北京市对于污水排放的管控不断提高。

表6-2 国标与地标主要排放指标对比　　　　　　　（单位：mg/L）

执行标准	等级	化学需氧量（COD）	氨氮（NH₃-N）
《城镇污水处理厂污染物排放标准》（GB 18918—2002）	一级A	50	5
	一级B	60	8
《水污染物综合排放标准》（DB11/307—2013）	一级A	20	1.0
	一级B	30	1.5

6.4 超大型城市水污染成因及问题分析

6.4.1 超大型城市生活污水比重大

随着超大型城市的发展，产业结构不断调整和工业水循环技术的推广应用，生活用水所占比重越来越大，生活污水成为城市水污染物的主要来源。例如北京市近年来工业污水排放量稳中有降，但生活污水排放量却始终呈增加趋势。2020年北京市共排放生活污水13.50亿t，占污水排放总量的93.4%，生活污水已成为北京市污水的主要来源。

人们节水意识的淡薄和不良的生活习惯，导致了大量水资源的浪费与污水排放量的增加。与此同时，日用化学品使用量连年增长，污染物排放量随之增加，生活污水中含有各种洗涤剂、垃圾、粪便，同时有机物、氮、磷、硫含量也呈增加趋势。2020年北京市生活污水排放化学需氧量4.05万t，排放氨氮0.26万t，分别占总污水化学需氧量和氨氮排放量的76.0%和93.0%。控制生活污水是未来节水控污工作的重点。

6.4.2　污水处理设施建设运行仍显滞后

2020年北京市城六区23座污水处理厂运转负荷较大，平均运行负荷77.8%；郊区共有污水处理厂47座，村级污水处理厂千余座。污水处理设施建成后只有持续稳定运行才能发挥减少污水排放，改善水环境的作用。目前，北京市郊区不同污水处理设施的管理水平和运行情况存在较大差异，2020年北京市郊区平均污水处理率为90.7%，而污水处理厂平均运行负荷仅为65.4%，污水处理设施的运行情况并不十分理想。除了设计和建设本身的缺陷，配套污水收集管网不健全、设计规模偏大等原因外，还有一些运行管理机制上的问题，如维修资金不足、运行监管不到位、缺乏专业运行维护人员等致使部分设施出现了闲置的状况。

一方面，由于城区人口的迁出以及外来人口的增加，部分城郊及城乡接合部地区人口增长过快，污水处理设施建设跟不上人口增长的速度，污水排放集中地区污水处理能力不足。以昌平区为例，2020年人口统计结果显示，昌平区常住人口227.0万人，外来人口132.1万人，分别比2010年第六次人口普查时增长了37%和56%。2010年昌平区污水排放量6830万m^3，而污水处理量仅为2524万m^3，污水处理率仅为37.0%。

另一方面，近年来北京市再生水利用量显著增加，2020年再生水供水12.0亿m^3，占北京市水资源总使用量的29.6%，再生水利用率已达到发达国家水平。但与拥有先进水循环利用、水净化、海水淡化和滴灌技术的以色列相比，其水循环利用率已达到了75%，北京市水循环利用率仍有较大提升空间。

6.4.3　城市下游河道自净能力不足

2020年北京市共监测有水河流87条段，总河长为2319.6km，其中：Ⅱ类、Ⅲ类水质河长占监测总长度的82.4%；Ⅳ类、Ⅴ类水质河长占监测总长度的17.6%。其中，符合Ⅱ类、Ⅲ类水质标准的河道主要位于城市上游区域，多为山区河道、引水渠道和核心景观水域，符合饮用水水源地标准；Ⅳ、Ⅴ类水质标准的河道主要位于城市景观水域，基本满足景观用水水质要求。

由于水资源紧缺，城市下游河道新水补充不足，河道水主要由污水处理厂排放的处理水和未经处理直接排放的污水所组成，由于河道自净稀释能力较差，即便依据全国最严的排放标准要求出水水质，河道环境标准依然难以达标。

在经济快速增长和人口急剧增加的双重作用下，我国城市规模迅速扩大，以北京市为代表的超大型城市水资源供需矛盾突出，水环境污染情况恶化。水污染"先污染、后治理"的传统治理模式治理成本极高，但却很难达到从根本上治理水污染的目的。日益严峻的水污染现实，亟待构建具有中国特色的水污染防治模式。

6.5　超大型城市水污染全过程防治建议

2012 年 4 月召开的全国污染防治工作会议提出了"由以常规污染物为主向常规污染物与高毒性、难降解污染物并重转变，由单一控制向综合协同控制转变，由粗放型向精细化管理模式转变，由总量控制为主向全面改善环境质量转变"四个转变，对水污染防治工作做出了明确和细化的要求。

城市水污染防治工作重要目标有：完善城镇水污染防治体系，江河湖泊水功能区水质达标率持续提高，地表水劣 V 类水体基本消除，有效支撑京津冀协同发展，集中式生活饮用水水源地安全保障水平持续提升，主要水污染物排放总量持续减少，城市集中式饮用水水源达到或优于 III 类比例不低于 93%。

流域水循环是水资源形成演化的客观基础，水资源问题不论其表现形式如何，都可归结为流域水循环分项或伴生过程导致的失衡问题。自人类开始开发利用水资源，天然的一元循环结构就被打破，形成了"自然-社会"二元水循环结构。水循环的管理目标是公平、高效、可持续，实现健康的水循环。上游地区的用水循环不影响下游水域的水体功能；水的社会循环不损害水自然循环的客观规律，至少要减少冲击；水环境管理，要实现以流域为基础、流域和行政区相结合的管理体制。

目前我国在水环境污染物总量控制上缺乏系统性设计，现行的水环境污染物总量控制缺乏与排放标准、地表水质量标准相适应、相统一的水环境容量核定与分配方法。超大型城市河流水环境治理，须制定基于流域水循环的总量控制体系，实现环境倒逼，实施"源头减排、过程阻断、末端治理"全过程防控模式，加强水污染综合防治管理（图 6-15）。

6.5.1　超大型城市水污染源头减排方案

河道作为水资源、水环境的重要载体，既珍贵又脆弱，既依赖本地区的保护又极易受上游及沿岸经济活动的影响，因此源头治理、源头减排（图 6-16）是做好河道水环境治理和水资源保护的重要保障。

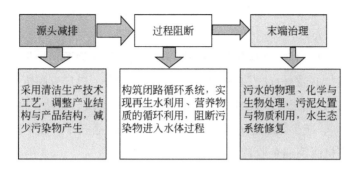

图 6-15　水污染全过程防控模式

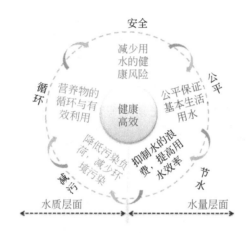

图 6-16　水污染源头减排方案

多年来，在水环境管理工作中，我国一直实行的是水质浓度控制和与之相适应的配套政策，这一管理办法对污染源与环境质量之间的关系考虑甚少，不要求控制污染物排放总量，也不考虑区域环境的自净能力。我国城市河流水污染防治亟待实现传统模式的全方位转型，实施水质和水量两个层面的污染总量控制。水质层面，利用各种环境法规、规章、标准和政策在实践中相互作用的过程以及由此形成的对经济发展的推动力和约束力，建立污染物总量控制倒逼机制，降低污染负荷，减少环境污染，或采用循环利用污水营养物质的方式，有效控制水质安全，减少用水的健康风险。水量层面，基于社会刚性用水需求，优先保证基本生活用水，提高生活、工业、农业用水效率，抑制水的浪费，建立和完善环境倒逼机制有利于促进资源节约、污染减排、产业结构升级和经济结构转型，对控制水体污染，确保水环境质量具有重要意义。

1）水污染排放总量控制方案

（1）实行项目准入机制，控制环境污染源头。

严格遵守法律法规和国家产业政策，严格执行环境影响评价制度，严格控制污染物排放，实行项目准入机制，倒逼区域转型升级，将生态环境保护关口前移，提高环境准入门槛，控制环境污染源头。

控制农业面源污染，其中控制畜禽养殖和化肥施用产生的面源污染是防治工作的重中之重。具体措施包括：加强农村"三有建设"，即畜禽有圈舍、户户有厕所、家家有肥场，建立有机肥料加工厂，以粪尿为原料加工生产商品有机肥料，回归自然；推广测土配方施肥，提高化肥有效利用率，减少化肥施用量；推广生物防治病虫害技术，减少农药使用量。

（2）利用经济机制倒逼企业转型。

完善经济倒逼机制是推动产业转型升级的重要途径。高污染、高能耗的"两高"产业是水环境污染的重要根源，同时一些企业生产工艺、生产设备、生产技术和管理方式较为落后，长期达不到污染减排的要求，对生态环境构成很大的威胁。因此，要充分运用倒逼机制，转移"两高企业"，淘汰落后产能，为先进产能和新兴产业腾出发展空间。

企业破坏水环境的行为屡禁不止，很大程度上与缺失以资源环境价格为基础的市场机制有关。按照"谁受益，谁保护""谁破坏，谁恢复""谁污染，谁治理"的原则，依靠健全的市场机制，建立生态补偿制度，充分发挥企业作为污染治理主体的作用。

（3）完善政府监管机制。

水环境保护和建设是一项系统工程，须充分发挥政府强有力的监控作用，建立环保优先的决策机制，充分考虑经济社会发展的资源环境承载力。完善相关政策法规，引导并规范资源环境的合理利用，加强水环境监测，加大执法监督力度，落实最严格水资源管理制度。实现小城镇生活污水处理全覆盖，通过治污措施或封堵排污口，杜绝非正规排污口存在非法直排行为；对农村垃圾进行集中收集处理，彻底清除非正规垃圾填埋场，消除垃圾渗滤液对地下水的污染。严控球场、农田化肥农药施用，禁止施用高污染、高残留的农药，控制面源污染；将污水处理产生的有机垃圾和污泥回归农田，减少资源浪费和环境污染。重点抓好工业转型，加快高污染行业的淘汰落后和整治提升，减少水资源使用量，减少污染物入河量。城镇地区加大污水处理设施建设，引进先进的污水处理技术，提高污水出水水质，达到出水水质可以满足水利用标准。

加强污染物源头治理，推进小流域综合治理工作，持续加强水土流失防治工作，控制面源污染。同时，还需着眼于节能减排、生态发展，以"低污染、低消耗、高效益"为导向，在流域内大力发展循环经济、绿色经济以及低碳经济。

2）源头减排管理路径

生活污水是城镇和农村污染物主要来源，到 2020 年底，全国地级及以上城市建成区基本实现污水全收集、全处理，初步形成全国统一、全面覆盖的城镇排水与污水处理监管体系。然而，农村生活污水处理率偏低、治理进展缓慢的问题制约了农村人居环境的进一步改善，我国农村生活污水治理任务仍较为艰巨，农村生活污水处理全覆盖和农村垃圾集中收集处理也成为污染物源头减排的重点任务之一。

农业水污染减排是发展生态农业的重点内容，通过科学控制化肥农药用量、推广节水灌溉等方式，降低农田排放至河道的污染物浓度。通过厌氧发酵、生物处理、农田循环利用等多种技术的应用，从源头进行控制，严防乱排放污染环境的事件发生。通过采取规模养殖场畜禽粪便集中收集、储存和发酵制肥等综合利用技术，提高粪便资源利用。通过干清粪工艺、厌氧发酵和生物处理等措施，实施污水治理和综合利用工程。

工业是高耗水行业之一，在制定区域规划、城市建设规划、工业区规划时都要考虑水体污染问题，对可能出现的水体污染，要采取预防措施。防治工业污染减排的工作重点抓好工业转型，加快高污染行业的淘汰落后和整治提升。同时，着重加强循环利用和循序利用工艺流程改造，降低工业水资源用量，加强废水处理的过程，以降低废水中污染物的浓度、减少污染物入河总量。

污染物源头减排框架如图 6-17 所示。

图 6-17　污染物源头减排框架

截至 2013 年底，北京市化学需氧量、氨氮的排放量比 2010 年分别下降 12%、10%。同时，通过采取化肥减量、有机替代、绿色培肥等技术，2006～2013 年共推广测土配方施肥 59.37 万 t，推广面积 1219 万亩，使全市化肥用量降幅达 18.2%。建立绿色防控体系，推广太阳能杀虫灯、投放性诱捕剂、布设黄板等生物物理防治措施，使全市绿色防控面积从 2006 年的 46.75 万亩增加到 113.6 万亩，化学农药用量下降比例达 34.6%。

6.5.2　超大型城市水污染过程阻断方案

超大型城市社会水循环过程阻断研究包括：研究城市社会水循环的闭路循环系统，阻断水与污染物的开路过程，减少对自然水循环的干扰；研究城市低影响开发措施，减少污染物入河以及对土壤水和地下水的污染。

1）生活污染全过程阻断方案

由于人们节水意识的淡薄和不良的生活习惯，导致大量水资源的浪费与污水排放量的增加。提高全民节水意识、增加生活用水的循环多次利用，开展生活污水排放控制和管理是保证城市水环境安全和区域生态文明建设的重要方面。

强化生活污水的治理（图6-18），一方面，加强现有生活污水处理设施，加强配套管网设施建设。家庭生活用水根据主要用途和对水质的不同要求，可分为饮用、生活和环境，可以按用水的清洁程度增加水的利用率，从而减少污染物的排放。小区居民生活污水集中处理后，达到一定标准的再生水可回用于小区的绿化浇灌、车辆冲洗、道路冲洗、家庭冲厕等。

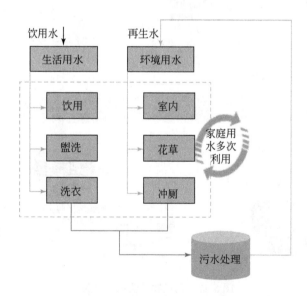

图6-18　生活污染全过程阻断

另一方面，还需提高群众节水减污的意识。综合运用报纸、广播、电视媒体以及发放宣传手册、举办水资源、环保主题活动等，向城镇居民宣传生活污水排放控制的重要意义、内容、措施等，逐步提高广大群众水环境保护意识。

建立合理的水价形成机制。合理调整居民生活用水水价，拉开高耗水行业与其他行业的水价差价。推行工业和服务业用水超额累进加价制度，全面推行居民用水阶梯水价，充分发挥水价在节水中的经济杠杆作用。

提倡区域生活用水循环利用，以天通苑小区为例，天通苑污水处理厂自 2001 年建设以来经过多次扩容改造，2013 年污水日处理能力已达到 17700t。经污水处理厂深度处理的中水均用于天通苑地区绿化用水需求，同时污水处理中对剩余污泥进行发酵，变成有机肥料，以满足小区绿化用肥。天通苑小区产生的污水自产自销自用，形成一个小循环，基本上实现了"零排放"。

2） 农业污染全过程阻断

农业面源污染是影响农村生态环境质量的重要污染源，同时使得沿途及其下游河道水环境治理和水资源保护的工作成果难以巩固。针对农业污染特点，还须积极推进环境综合治理，构建有针对性的综合防治体系。

根据土地消纳能力合理确定养殖规模，以资源化利用为指导原则，防治畜禽养殖污染；通过推行生态养殖、在重要湖库取缔网箱养殖等措施，不断加强水产养殖污染治理力度；通过推广测土配方施肥、生物农药和高效低毒低残留农药、调整种植结构和空间布局等手段，逐步减少种植业污染物产生；推行农业污染全过程阻断技术，通过修建田间湿地（图 6-19），结合农田地下排水系统，实现农业灌溉水循环净化。

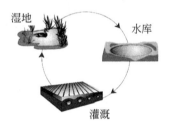

图 6-19　灌溉-排水-湿地农田综合管理系统

北京市农业污染量大、面广，是农村水污染的重要源头。但由于其治理工作的复杂性，污染防治工作面临许多困难。

针对面源污染的特点，规划采取以小流域为单元的水土流失综合治理措施，建成密云、怀柔、官厅 3 座水库上游一、二级保护区、6 个中心城区、10 个新城区地下水水源地、148 个村镇集约化供水水源保护区。采取坡改梯、配套坡面工程，在 16 条河道两侧各建立 1km 的地表水保护区以及在南水北调总干渠两侧各建设 200m 的保护带，加强对流域水质的保护与治理。

修建田间湿地，结合农田地下排水系统，实现农业灌溉水循环净化。2012 年北京市启动百万亩平原造林后，湿地的恢复和建设作为重点工程纳入其中，营造森林和恢复水系同步进行。截至 2014 年，北京市利用河道、沟渠、坑塘、藕地和雨洪积水，已累计恢复和建设 5.3 万亩湿地。

对农村生活垃圾和污水采取集中堆放、收集和处理，结合新农村建设，建设小型污水净化处理设施和农村生活垃圾集中处理场。

3) 工业水循环及污染过程阻断

以资源的高投入为基础的传统工业，推动了中国经济的高速增长，但也使中国经济增长越来越接近资源和环境条件的约束边界。随着经济发展与资源约束的矛盾日益凸显，资源消耗低、环境污染少的新型工业化道路是在我国现有资源约束条件下实现经济持续健康发展的必然选择。

以资源禀赋、环境影响为约束，推动工业循环经济模式和生态工业体系的建立；以经济发展需求为正向驱动，加快工业技术进步、强化工业环境管理，实现工业水循环及污染过程的阻断（图 6-20）。

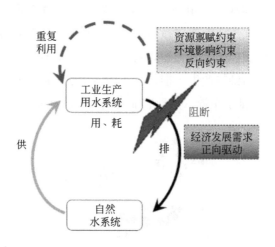

图 6-20　工业水循环及污染过程阻断

依照循环经济的战略要求，统筹经济发展、环境保护和资源节约利用，最大限度发挥政策引导作用，利用经济、行政和技术等手段，坚决退出不适宜在北京发展的劣势产业和"三高"企业，实现北京工业经济的可持续发展。

近年来，北京市对高污染企业实行就地淘汰和退出机制，2014 年，300 家污染企业被关停退出，2016 年底，北京市关停退出的工业污染企业达 1200 家。

同时，北京市鼓励企业实施环保技改，进一步减少污染物排放。北京市经济技术开发区深入推进节能减排、绿色低碳的经济发展模式，走出了具有亦庄特色的绿色、循环、集约的发展道路，成为建设"美丽中国"的生动实践。数据显示，2013 年北京市经济技术开发区万元 GDP 水耗仅为 4t，是全市平均水平的五分之一，达到发达国家水平。2013 年污水排放量 3868 万 m^3，污水处理率 100%，同时通过反渗透膜（RO）高回收技术、纯水重复利用及污水再生二次利用技术循环使用再生水，自来水利用率高达 85% 以上，每年可节约新鲜自来水 1100 万 t。

4）第三产业全过程阻断

近年来，城市中的第三产业污染问题越来越严重，对第三产业污水的监督与管理成为相关管理部门的重要任务之一。第三产业污水排放主要来自厨房、洗涤、洗浴以及冲厕的污水等，由于不同行业、不同规模的产业污水排放量存在很大差异，很难采用同一标准进行管理。因此，对第三产业污水进行控制时，须根据不同情况，采用多种手段综合运用的方式。

（1）合理分配用水，加强节水工作。广泛开展节水宣传教育，提高从业人员节水意识；推广使用节水型器具，完善供水设施，改进操作规程减少污水和污染物的排放；运用经济手段，制定合理的水价。

（2）工程治理措施。相关行业（餐饮业）根据其企业规模采用适用的污水处理法；检测处理污水达标率，对不达标排放的企业收取污水处理费。

（3）管理措施。加强对污染源的监督管理，加大排污收费力度，促进水污染的控制。

第三产业从功能上可划分为整体自我驱动型和整体功能驱动型（图 6-21），整体自我驱动型产业属于纯内部个体的耗水性质，大多为社会功能的提供者，其对水资源的使用以生活用水为主，用水结构单一，用水对象和用水量基本保持稳定，例如机关单位、写字楼和学校等。整体功能驱动型产业包括纯内部个体和含外部个体，产业行业具有特定的功能，整体功能驱动型产业的纯内部用途是指用水对象单一、用水结构简单、用途明确且用水量受外界因素影响较小，例如用于科研、绿化、洗车等用途。而含外部个体的整体功能驱动型产业，其用水对象和用水结构相对复杂，用水量受诸多因素影响（表 6-3）。

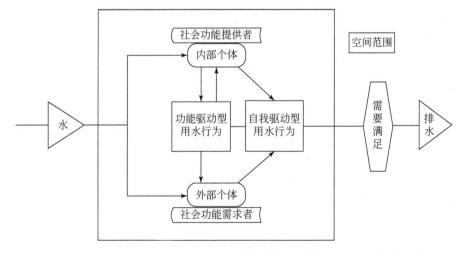

图 6-21 单元空间范围内用水行为属性示意

表 6-3 　第三产业用水类型划分

整体自我驱动型	整体功能驱动型	
纯内部个体	纯内部用途	含外部个体
机关单位、写字楼、学校	科研、绿化、洗车	洗浴
		医院
		文体
		商业
		宾馆
		餐饮

　　随着区域经济发展，产业结构调整，北京市第三产业的比例不断加大，餐饮业数量逐年增多，餐饮含油脂污水排放量逐渐增大。餐饮污水中油污、残渣、洗涤剂等含量高、成分复杂，其油脂、生化需氧量、化学需氧量、悬浮物（SS）等多项指标远高于国家污水综合排放三级标准，超标排放的污水会造成管网堵塞，增加污水处理厂的处理压力和成本，一旦处理不了排入河道，还会引起河水发黑发臭。

　　2009 年颁布的《北京市排水和再生水管理办法》第十六条规定，接入公共排水管网的餐饮服务排水户应当设置符合标准的隔油设施，并保持设施正常运行。同时，水政部门定期针对餐饮排水户开展执法检查及排水法规宣传活动。

6.5.3　超大型城市水污染末端治理方案

　　源头治理已经被越来越多的国家认为是一项防污染的最佳战略，然而末端治理仍然是国内外控制污染最重要的手段。超大型城市污染物末端治理要大幅度提升污水收集处理水平，在强化传统污水处理厂建设和运行的基础上，加强污染物全过程的生物处理技术，实施以流域为单元的系统治理，最大程度减少水污染对流域水循环过程的干扰。

　　2020 年北京全市污水排放总量为 20.42 亿 m^3，污水处理量为 19.41 亿 m^3，处理率为 95.0%，仍有 1.01 亿 m^3 污水未能及时处理。北京市污水处理体系还应大幅度提升污水集中处理水平，在强化传统污水处理厂建设和运行的基础上，不断开发和实践稳定、高效、节能的再生水新技术和新工艺；加强深度技术的针对性、运行的稳定性和经济性、管理的简便性和应用的规模性，以及水质安全保障等方面的研究；建立完善的污水处理预警技术和监管系统。同时，尽管北京市再生水利用量逐年增加，但污水再生利用实践中仍存在诸多问题。

1）提高污水处理水平，促进再生水利用

　　重点加快污水处理厂建设与升级改造、污水收集管网建设、污泥无害化处理等措施，在现有污水处理厂的处理工艺基础上，需要提高脱氮除磷的水平，加强污水末端的处理，引进膜处理、臭氧处理等先进技术和工艺，加强生物硝化、深度过滤和氧化消毒能力，争取将污水处理厂出水水质全面提高到地表水Ⅳ类标准（图6-22）。落实最严格水资源管理制度，最大限度减少末端污水对水体生态修复的影响，形成城乡一体的污水资源化格局。

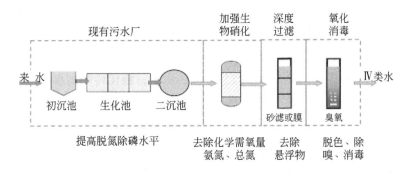

图6-22　加强生物硝化+深度过滤+氧化消毒的工艺路线

2）实施基于自然完整性的水系修复

综合运用并实施水质处理、生态护岸、河道水体生态化改造、河湖生境重建、景观处理等技术，在兼顾城市防洪排涝、供水、航运、生态、娱乐、开发等不同功能要求的同时，严格执行城市水系管理办法的规定，基于自然的完整性修复水系（表6-4），加强对水系及城市湿地的保护，对河道水体进行生态化改造，重建河湖生境。

表6-4　基于自然完整性的水系修复技术方法

水系修复技术	主要措施
水质处理技术	物理法、化学法、强化生物技术、生态技术
生态护岸技术	植物护岸、山石护岸、混凝土护岸、卵石缓坡护岸、生态砖护岸、覆土石笼护岸、生态袋护岸等
河道水体生态化改造技术	人工母质层技术、生态混凝土缓嵌技术、人工生态礁石技术
河湖生境重建技术	河滩生境、护岸生境
景观处理技术	平台栈道、码头、瀑布、跌水、树岛、水中及水底景观处理

3）推广利用高效污染物末端治理技术

由于人类不合理的活动及过量排污，我国湖泊、水库中的水富营养化，城市下游河道水污染现象严重，过量的污染物造成水体水化学失调、水生态退化。要解决水体污染问题，源头减排、过程阻断是环境污染预防治理战略的重点，与此同时末端治理也是环境综合治理中必不可少的一环。

目前城市水系治理规范尚不系统健全，技术水平相对落后，信息技术、多目标群决策技术、材料科学新技术、绿色节能新工艺等领域的创新性不足。传统的末端治理技术往往设施投资大、运行费用高，同时存在污染物转移等问题，不能彻底解决水环境污染。推广并利用国际领先的高效污染物末端治理技术，在遵循水循环、水化学、水生态完整性理论基础上，还需探索并应用新技术、新方法、新材料和新工艺。

在污染源头及污染过程中加强治理的同时要加强对污水末端的治理，强化污水的处理与水体的生态修复功能，具体措施包括：加快建设以永定河、北运河、潮白河三大流域综合治理为重点的水环境整治工程，建设生态河网水系，营造优美宜居的水环境；重点加快北京市污水处理体系的建设，提升污水收集处理的水平，强化传统污水处理厂的建设和运行，继续开发和实践稳定、高效、节能的再生水新技术和新工艺，加强深度技术的针对性，将污水处理标准提高至Ⅳ类水标准；加强污水末端的处理，以工程、技术、生态、法律、经济等手段的综合运用作为途径，以水环境质量的全面改善为原则，以全面保障群众健康、恢复江河湖泊生机活力为最终目标，促进水环境、水生态保护与经济社会的协调发展。

第7章 | 超大型城市排洪安全诊断与对策

超大型城市排水包括城市污水排放和城市雨洪排放两大部分，针对气候变化极端降雨增多，以及我国超大型城市城市化进程迅速，城市雨洪排放问题突出，城市洪涝灾害频发等问题，本章以城市雨洪排放作为重点进行安全诊断。

7.1 超大型城市洪涝灾害现状与排水问题诊断

7.1.1 北京市洪涝灾害现状

北京市作为我国典型超大型城市，在气候变化和快速城市化的进程中，面临严峻的城市洪涝灾害问题。从历年北京市内涝灾害情况可见，北京市内涝灾害出现的频率加大，已从"几年一涝"变成"一年数涝"。城市内涝发生点集中在城市低洼与排水不畅地区，重点突出地区是城市下凹立交桥区，对维护城市交通系统造成严重影响。同时由于超大型城市是财产和人口集聚区，城市内涝灾害影响力和破坏力表现更为显著，造成了交通瘫痪、建筑厂房破坏、工程受损、通信中断、水土流失、环境污染、地面塌陷，甚至是人员伤亡等重大的社会经济影响。

北京市历年内涝情况：

2004 年 7 月 10 日（"7·10"暴雨事件），北京遭遇特大暴雨袭击，1 小时降雨超过 90mm，莲花桥下积水深 1.7m，造成 41 处路段严重积水，21 处严重堵车，其中有 8 个立交桥交通发生瘫痪，西二环、西三环、西四环交通一度中断，同时还造成 90 余处地下设施进水，倒塌房屋 5 间。

2006 年 7 月 31 日，首都机场天竺地区 1 小时降雨 115mm，造成高速路桥下积水深 80cm，机场高速断路 3 小时，影响 700 架次航班起降。

2007 年 8 月 1 日，北三环 1 小时降雨 91mm，安华桥下最深积水达 2m，北三环双向交通中断。

2008 年 6 月 13 日，知春路等十余处重点路段发生严重积水，交通瘫痪。

2009 年 7 月 30 日晚，南池子、广渠门等多处路段严重积水，交通中断。

2011 年 6 月 23 日（"6·23"暴雨事件），北京市地区普遍出现了大雨到暴雨天气，全市平均降水 41mm，其中城区平均降水 73mm，最大降水量达到 192.6mm，局地降水量百年一遇。该暴雨导致北京市区 22 处交通路段中断，部分环路断路，3 条地铁线路（地铁 1 号线、13 号线、亦庄线）部分区段停运，首都机场 100 多架次进出港航班被取消。

2011 年 7 月 24 日，北京市迎来 13 年来最大的一场雨，全市平均降水量 52mm，达到暴雨级别，223 个气象观测站有 17 个超过 100mm，达到大暴雨级别。首都机场 18 时 30 分前取消航班 65 架次，滞留一小时以上航班 42 架次。

2011 年 7 月 26 日，北京市当日 21 时 40 分至 22 时 15 分之间，市气象台接连发出雷电、冰雹、暴雨三种灾害天气预警，中国气象局附近降水量达 1168mm，玉渊潭、紫竹院等地区也均达到大暴雨级别，城区平均降水量为 34mm，为大雨级别。全市出现 20 处桥区、路口积水，截至 24 时首都机场百余航班受到影响。

2011 年 8 月 9 日，当日傍晚，北京市再次突遇急雨、雷电天气，局地出现大风、冰雹等强对流天气。截至 19 时，雨量最大达到 80mm，城区平均降雨量为 26mm，全市平均降雨量为 10mm，以 12 小时内降雨量计算，城区的降雨达到大雨级别。全市出现 15 处积水点，首都机场取消航班 43 架次。

2012 年 7 月 21 日（"7·21"特大暴雨事件），北京市遭遇新中国成立以来最大的一场暴雨灾害，全市平均降雨量为 170mm。最大雨量点发生在房山区河北镇，达到 541mm（达 500 年一遇），城区平均降雨量为 215mm。房山、城近郊区、平谷和顺义平均雨量均在 200mm 以上，降雨量超过 100mm 的覆盖面积为 1.42 万 km²，占全市总面积的 86%。全市超过六分之一的地区 1 小时雨量超过 70mm，城区交通瘫痪、车辆被淹、供电中断，给城市交通等造成了严重影响，导致至少 79 人死亡以及近 60000 人被迫撤离，直接经济损失估计约 100 亿元，社会经济损失巨大。

2016 年 7 月 19 日 1 时至 21 日 6 时，北京市出现强降雨天气，此次降雨连续时间长，总量大，范畴广，降雨总量超过了 2012 年 7.21 北京特大暴雨，全市平均降雨 210.7mm，城区 274mm，共形成水资源总量 33 亿 m³。

2023 年 7 月 29 日起，受台风杜苏芮残余环流与副热带高压，台风卡努水汽输送，地势综合作用等影响，北京市及周边地区出现灾害性特大暴雨，全市平均降雨量 263.8mm，城区最大降雨量为丰台千灵山 589.7mm，全市最大为昌平王家园水库 744.8mm，此轮强降雨造成 11 人遇难，13 人失联。

7.1.2　北京市排水问题诊断

从灾害角度对城市内涝灾害的孕灾环境、致灾因子、承灾体等方面对城市内涝灾害进行诊断，分别在降雨、城市下垫面、城市排水基础设施和灾害应对等方面进行剖析。

1. 强度高、局地性强的冲击型极端降雨增多

全球气候变化导致极端气象事件频发，国际、国内大量系列观测资料表明，2000 年以来全球气候变化导致西北太平洋区域年强台风发生次数从 20 世纪 70 年代的 25% 上升至41%；1 小时 50～100mm 以上的局部强降雨次数有明显上升趋势；同时年降雨变幅加大，呈现出水旱灾害频发并重的特点。全球变暖引起极端事件的增加，包括台风、暴雨频率和强度的加大，使得城市面临着更大的洪涝风险。

气象资料统计分析显示，近百年北京市的降雨存在 10 年左右周期波动变化规律，如图 7-1 所示，20 世纪 70 年代以来，年和日降雨量呈下降趋势。2001 年至今，小时局地暴雨次数和降雨量呈增加趋势。

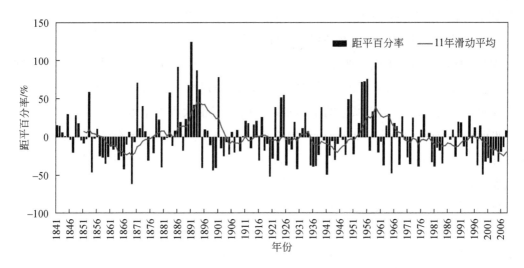

图 7-1　1841～2009 年北京市百年降雨量距平百分率演变图

超大型城市由于建筑密集，建成区面积大，聚集的高层、超高层建筑干扰了城市内部的空气循环，加剧了空气的对流运动，阻碍移动的空气前进，产生和加剧空气的上升运动，增加城市雨量，超高层的大型建筑甚至使产生降水的静止锋等停顿下来，这就延长了下雨时间。加上城市的烟尘远远多于郊区，城市的凝结核远比郊区多，使城市大气中水分更容易凝结成雨滴形成降雨，庞大的城区就形成了一座"雨岛"进而产生雨岛效应，使城市更容易成为区域的暴雨中心，高强度暴雨可能发生得更为频繁。自 20 世纪 90 年代以来，北京市汛期（6～9 月）最大降水量中心往往位于市区，向外逐渐减小，市中心的降水通常比郊区多约 60mm。在雨岛效应的作用下，北京市近年来市区局地降雨增多，这就加大了城市排水的总量，增加了城市防涝系统的压力。

北京市近些年发生的严重内涝分析结果表明，其与极端天气密切相关，并且这种事件出现的频率有增加的趋势。这种极端天气往往带来发生快、强度高、局地性强等特点的冲击型降雨，使得城市现有的排水系统不能在短时间内排出大量雨水，形成内涝。

2. 地表径流量增加和水系蓄洪行洪能力下降

城市化改变了自然环境和自然水循环系统。随着城市化进程的推进以及城市的不断扩张，城镇下垫面急剧变化，城市雨洪调蓄、行洪空间被大量占用。2001 年，中国人口城市化率达到 37.7%，2020 年，中国人口城市化率达到 55.2%，20 年间提高了 17.5 个百分点；2000 年以来城镇化进程明显加速，2000 年中国城镇化率为 37.7%，至 2021 年达到 64.7%，21 年间上升了 27.0 个百分点。2000 年来北京市城市建设明显加快，城市面积的急速扩张，2000 年，北京市建成区面积仅有 700 多平方千米，2021 年已达近 1469.1km²，21 年翻了一番。剧烈的城市化进程，促使城市内涝风险倍增。

1）城市不透水地面增多，地表径流量加大

城市化地区的不透水面积增加阻碍地表水下渗，切断城市区域地表水与地下水之间的水文联系，改变了城市地表径流的时空模式及水循环过程，改变了城市的水量平衡，导致径流量加大（图 7-2）。由于城市的不透水面积的改变很大程度上取决于城市的建成区面积，北京市的建成区面积从 2002 年到 2012 年不断增长，从 2002 年的 1053.3km² 增长为 2021 年的 1469.1km²，增长了 415.8km²，涨幅率为 39.48%，城市迅速大规模的扩展导致不透水地面的增加，极大增加了地表径流量。

2）湿地、河流、湖泊萎缩致使蓄洪行洪能力下降

城市外部湿地、河流、湖泊等水系对于城市来说具有重要的蓄洪作用。调蓄系统是城市防洪系统中的一个子系统，它由城市水系的湖池河渠组成。在城外洪水困城，城内积水无法外排时，城市的蓄水能力对避免内涝具有决定性的作用。

当北京市人口由中华人民共和国成立初期的 200 万人发展到现在的 2000 多万人时，城市面积也急剧膨胀，北京市湿地水系急剧减少，从中华人民共和国成立初期的 13 万 hm² 减至现在的 5 万 hm²，湿地面积占全市面积只有 3% 左右。随着天然湿地、河流、湖泊的大面积减少，其对降水的天然调控能力已经消失，本来可以被这些天然湖泊调蓄的降水无处可去，加剧了城市内涝。

城市排水河道是雨水排出的最终出路，在城市防洪排涝系统中，河道起关键性作用，它的泄洪排涝能力与城市洪涝灾害直接相关。中心地区及骨干河道已基本治理，仍有部分河道未按规划要求进行疏浚，由于河道断面小，排水能力不足，致使城市排涝系统下游排水不畅，上游地区严重积水。

在北京市多年的城市建设中许多市内河湖水系被填平，填湖面积超过 70hm²，金鱼

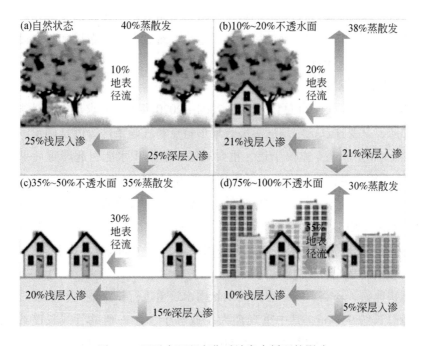

图 7-2　不透水面积变化对城市水循环的影响

资料来源：Federal Intergragency Stream Restoration Working Group, 2001

池、太平湖、东风湖、青年湖、炮司湖、十字坡湖、东大桥湖等 7 个湖全部被填埋。还有一部分河流被覆盖处理，埋入地下，成为地下暗河，如东西护城河、前三门护城河、菖蒲河以及北护城河的一部分，总共减少了约 80hm² 的城市水面和近 20km 长的滨河绿带。这种"明河改暗沟"的做法，使沟渠的横断面面积明显减少，行洪能力也大大减弱。

3. 城市排涝基础设施建设与管理滞后

城市建设长期存在"重建筑、轻市政""重地上、轻地下"的做法。城市地下建设与地上建设同等重要，但在我国城市化的过程中，对"地下城市"关心不够，理念滞后，设施落后，地下管道欠账较多。

1）缺乏排水系统规划

对排水整体系统的了解不全面，排水基础设施建设缺乏统筹规划，城市防洪排涝系统基于城市竖向，而城市开发建设只是注重局部点上，不是城市竖向整个面上。

现有城市防洪排涝体系中流域防洪、城市排涝、城市道路及雨水管道建设分属不同的部门管理，相互割离，各做各的规划设计，缺乏协调统一。

现状排水缺乏系统规划，更多地侧重于管道、泵站等排水设施的布置和规模测算，对大小排水系统的衔接、管道和河道的衔接考虑不足，对城市用地布局和竖向设计、道路竖向设计、雨水综合利用和排放的考虑不足。

2) 现有排水系统标准低

2004 年修订的《北京城市总体规划（2004—2020 年）》要求城市雨水规划重现期，应根据城市性质、重要性、汇水地区类型、地形特点和气候条件等因素确定。城市一般地区重现期采用 1~3 年一遇；重要干道、重要地区或短期积水能引起严重后果的地区，重现期宜采用 3~5 年一遇；特别重要地区重现期采用 5~10 年一遇。

在实际实施过程中，一般采用此标准的下限作为雨水管道规划设计重现期，即一般地区雨水规划重现期采用 1 年一遇（降雨强度为 36mm/h），重要地区采用 3 年一遇（降雨强度为 50mm/h）。而北京市近年经常出现降雨强度大于 70mm/h，其重现期都在 20 年以上，可以看出城市排涝能力显然不足。

对中心城快速路、环路、主干道路的现状雨水管道进行排除能力校核发现，校核主要道路雨水管道总长约 943km，其中重现期大于或等于 3 年一遇的管线长度约 142km，占 15%，重现期小于 3 年一遇的管线长度约 801km，占 85%（图 7-3）。

图 7-3　北京中心城现状主干管道排除能力校核图

在气候条件上北京市与各大国际城市存在显著差异，如表 7-1 所示。如果不考虑气候差异，北京市现行采用的标准与国外发达城市相比存在一定差距。

表 7-1 北京市与世界城市降雨设计重现期对比

指标	纽约	伦敦	巴黎	东京	北京
设计重现期/年	10	5	5	3	1 ~ 3
降雨强度	120mm/d	6mm/5min		50mm/h	8.4 ~ 11.4mm/5min 36 ~ 50mm/h 90 ~ 129mm/d
年降雨量/mm	1066	600	619	1800	585
气候类型	亚热带季风气候	温带海洋性气候	温带海洋性气候	温带季风气候	温带季风气候
气候特点	夏季高温多雨, 冬季低温少雨	全年温和常湿	全年温和常湿	夏季温和多雨, 冬季低温干燥	夏季温和多雨, 冬季低温干燥

3) 部分排水设施老化,地下空间管理混乱

城区排水管线中 1977 年前建成的有 1200km,占管线总长的 1/4,其中包含中华人民共和国成立前的旧砖沟和成立后改造的合流制排水沟。按管线技术等级划分,属三、四级的低等级管网设施占到 27%。另外,一些泵站的电气设备已运行 10 年以上,电气元器件普遍老化、破损,安全系数下降,可靠性、灵敏度大大降低,部分泵站自动化、防爆和通风系统等监测监控设施已无法适应现今行业管理需要。设施老化大大降低了实际排水标准。

地下管网建设缺乏常规管理和质量监督。随着城市规模不断扩大,路网不断延伸,地下空间日益复杂,相应的管网档案却七零八落,缺乏统筹。北京市从中华人民共和国成立初期的市政地下管线只有少量的自来水、污水,发展到现有上水、下水、中水、电话、电力、路灯、光缆、通信、信号、煤气、天然气、热力网等。而这些管线又分别由几十个单位建设和管理,包括自来水公司、污水管理处、燃气公司、热电厂、电信公司、电力公司、部队和各工矿企业等,如此众多的管线却缺少一个统一的协调管理部门。

4. 城市洪涝灾害快速综合应对能力不足

2012 年 7 月 24 日凌晨,韦森特台风到达香港。这是香港近 13 年来最为严重的台风侵袭,但没有造成人员死亡。香港特首将其归功于及时的灾前预警。早在 23 日下午,香港天文台就频繁发出警告信号,在其挂出 8 号风球后,除了通过电视、广播、网络、手机等传送讯息外,地铁、商场、住宅小区、医院等公共场所都会悬挂预警通知,预警信息传遍整个香港,全港随即有条不紊的进行避风应急:公司职员提前下班回家,渔船返港,电车停运,大型公众活动取消,消防人员、医护人员和警务人员坚守岗位,随时待命。

当北京市遭遇 61 年一遇的暴雨时,不论是灾前预警还是灾后应急,在不少关键节点

还存在着不足，公共资源未充分利用。气象部门在一天的时间里连续五次调高暴雨的严重程度，却没有向公众大规模发布预警信息。针对北京市特有的下凹式立交桥积水问题，《北京市防汛应急预案（2012年修订)》规定：部分立交桥下积水深度可能达100cm以上，就要拉动最高级的红色预警。但由于未能形成联动机制，没有及时采取有效的防涝措施、交通警示措施和相应的疏导措施。

7.2　超大型城市排水模拟分析

北京市在灾前的预警管理和灾后的应急管理较为脆弱。北京市城区河道主要有东、西、南、北四条护城河及清河、坝河、凉水河、通惠河四条主要的排水河道。以通惠河流域为例，进行洪涝及其调控模拟。

北京市通惠河流域，是北京市中心城区内四大城市排水流域之一，流域面积约270km²，整体地势西高东低，大部分地区为海拔25~65m的平原。流域范围内通惠河水系在历史上即玉泉水系。通惠河是玉泉水系的尾闾，是北京市城中心区排水的主渠道，还担负着西郊洪水的分流任务。通惠河流域内河湖水系有上游：京密引水渠昆玉段、永定河引水渠、南旱河、双紫支渠、长河、转河、北护城河、南护城河、二道沟、内城河湖、东护（城）暗河、西护（城）暗河、前三门暗河；主要湖泊有颐和园、紫竹院湖、玉渊潭、什刹海、北海和中南海、龙潭湖、高碑店湖。

具体措施是：西蓄，即利用三家店调节池、永定河引水渠、京密引水渠昆玉段、玉渊潭东西湖调蓄洪水，减免西部洪水对城市区施加的排水压力；东排，即利用南北护城河、前三门暗河等河渠将市中心产生的洪水经通惠河向东泄洪；南分洪，即利用右安门分洪道向凉水河分洪；北分洪，即利用京密引水渠昆玉段由南向北从安河闸向清河分洪，北护城河由坝河首闸向坝河分洪。

7.2.1　北京市通惠河流域基础概况

1）城市管网

流域内的城市主干管网，不仅包括市政管网，还有北京市历史传统地下沟渠及暗沟，如西护北护暗沟、前三门暗沟、南北沟沿干沟、御河暗沟、龙须沟、西直门外明沟、会城门明沟、青年沟等。城市主干管网的空间布局由《北京城市总体规划（2004年-2020年)》中北京市中心城区雨水排除规划获取，城市主干管网的断面、坡度等参数，参考《北京志·市政卷·道桥志、排水志》，对于具有复杂断面形式的管段，概化为DN2000的圆管，坡降为3‰。河湖水系断面及设计参数参考《北京市河流水系》。在城市雨洪过程中进行水量输送及调蓄过程的湖泊主要是玉渊潭湖、高碑店湖,在模型中作为调蓄池,进行水量调节。

2) 闸坝等人工调控单元

流域内闸坝有玉渊潭进出口闸、二热闸、右安门橡胶坝、凉水河泄洪道闸、龙潭闸、东便门橡胶坝、高碑店闸、团城湖闸、松林闸、坝河分洪闸、东直门闸。闸坝调控实现北京城市雨洪"西蓄、东排、南北分洪"。模型中闸坝的设计参数参考《北京城市河湖水系资料汇编》。

3) 汇水区

流域范围是平原区域,地形较为平坦,汇水区划分按照就近原则,共划分 861 片汇水区,汇水区地表产流流入最近的管网节点处。

汇水区的面积通过 ArcGIS 面积量算,不透水率根据土地利用数据统计计算,坡度根据数字高程模型(DEM)制作的坡度图提取汇水区的平均坡度。

不透水地表洼蓄深为 2mm,透水地表为 12mm。

不透水地表和透水地表糙率分别取为 0.015 和 0.030。

汇水区的产流过程时,选用霍顿入渗(公式为 $f=f_c+(f_0-f_c)\ e-k_c$,式中,f 为入渗率,f_c 为稳定入渗率,f_0 为初始入渗率,t 为时间,k 为与土壤特性有关的经验常数)进行下渗计算。根据土壤类型条件,初始下渗率为 76.2mm/h、稳渗率为 3.81mm/h 和下渗衰减系数为 0.0006。

4) 运行调度规则

为满足城市河道景观生态、通航等需求,通过闸坝等人工调控单元使河道保持一定水位,当降雨产生后适时地进行水量调蓄及分洪措施,雨后拦蓄尾水,维持河道正常水位。京密引水渠昆玉段:雨前通过团城湖南闸、玉渊潭进出口闸、玉渊潭电站闸维持水位 48.50~48.70m,雨中调整玉渊潭进出口闸,利用玉渊潭东、西湖进行调蓄,维持 48.50~48.70m 水位,当水位持续上涨超过 49.00m,通过玉渊潭电站闸和团城湖南闸进行分洪调控,雨后调控泄洪量,利用玉渊潭东、西湖、昆玉段、五孔桥-八一湖拦蓄雨洪恢复景观水位。北护城河:雨前通过坝河泄洪闸、东直门闸维持水位 40.00m,雨中闸门逐步提起至敞泄,通过坝河泄洪闸进行分洪,雨后关闭分洪闸,调控东直门闸维持景观水位。西护城河:雨前通过右安门橡胶坝和凉水河泄洪道闸维持水位 39.30m,雨中控制右安门橡胶坝流量 100m³/s,提起泄洪道闸进行南分洪,雨后拦蓄尾水,维持景观水位。南护城河:雨前通过龙潭闸维持水位 36.50m,雨中泄洪维持水位 36.00~36.50m,雨后拦蓄尾水,维持雨前水位。通惠河:雨前通过高碑店闸维持水位 30.80m,雨中根据来水情况,进行泄洪,雨后拦蓄尾水,恢复水位 30.60~30.80m。

5) 降水

将东直门、高碑店、乐家花园、龙潭闸、卢沟桥、松林闸、天安门、右安门等水文雨量监测站点的雨量监测数据，根据垂直平分法分配至流域各个汇水区。

7.2.2　北京市通惠河流域"7·21"内涝模拟分析

1）北京"7·21"降雨概述

受东移南下的冷空气和西南气流的共同影响，从 2012 年 7 月 21 日 9 时至 7 月 22 日 4 时的 19 小时内，北京市普降大暴雨，局地出现特大暴雨。全市平均降雨量 170mm 是中华人民共和国成立以来的最大降雨；城区平均降雨量为 215mm，是 1963 年以来最大降雨；降雨暴雨中心位于房山区河北镇，降雨量达 541mm，重现期超过 500 年一遇。

据故宫雨量站"7·21"暴雨过程图（图 7-4），本次城区降水主要集中在 2012 年 7 月 21 日下午 2 点至 7 月 22 日凌晨 4 点，降雨过程为双峰雨，强降雨发生在 14 点、19 点和 20 点。

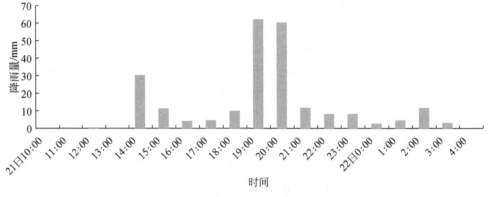

图 7-4　故宫"7·21"降雨过程

2012 年 7 月 21 日傍晚，随着降雨强度的逐步增大，城区河道水位持续上涨。为保证城市河湖防汛安全，高碑店闸、二道沟排洪闸等闸站全力泄洪，并实施南北分洪的调度措施，安河闸北分洪（7 月 21 日 20：00 ~ 7 月 22 日 03：00），坝河闸北分洪（7 月 21 日 19：10 ~ 22：30），泄洪道闸南分洪（7 月 21 日 15：30 ~ 7 月 22 日 05：10）。22 日凌晨雨量逐渐减弱，河道水位逐步恢复到控制水位，根据河道水情，确保了城市河湖景观、环境用水需求，适时拦蓄尾水维持了河道水位。

2）模型验证

根据通惠河流域城市水文模型，将监测断面乐家花园的水位（图 7-5）、流量模拟值与监测值（图 7-6）进行对比，以及监测断面高碑店闸（图 7-7）和龙潭闸（图 7-8）的水位模拟值与监测对比，从图 7-5 ~ 图 7-7 可以看出，龙潭闸、高碑店闸、乐家花园的流量监测值和模拟值都能较好地吻合，其中乐家花园站的吻合效果最好，模型能较好地反映实际水文过程。

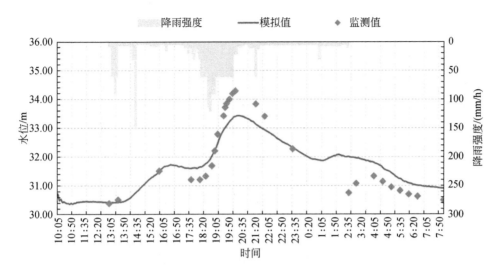

图 7-5　2012 年 7 月 21 日乐家花园水位

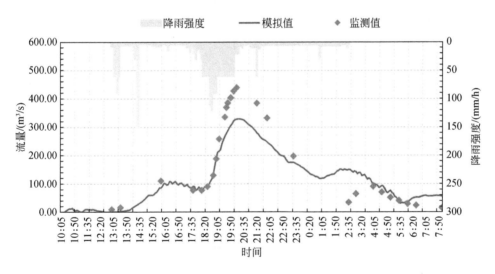

图 7-6　2012 年 7 月 21 日乐家花园流量

3）模拟结果

7 月 12 日这次降雨过程，城区平均总降雨量为 213mm，总降雨量为 5755.80 万 m³，产流量为 3302.43 万 m³，其中入渗量为 1438.65 万 m³，产流系数为 0.57，各条河道所在流域的产流情况和断面的水位过程线如表 7-2 和图 7-9 所示。其中永定河引渠河道的阵雨量与总雨量最高，达到了 272.58mm 和 1294.12 万 m³。

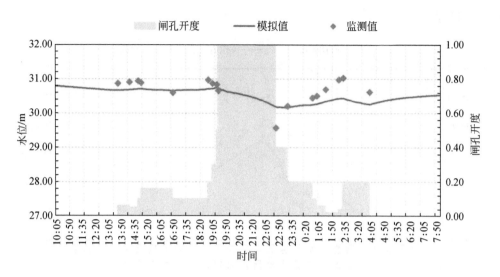

图 7-7　2012 年 7 月 21 日高碑店闸水位

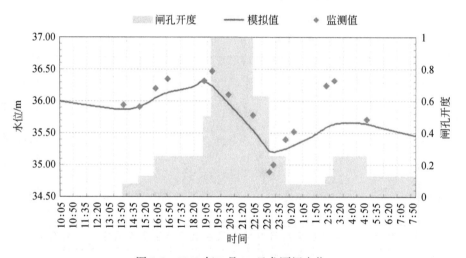

图 7-8　2012 年 7 月 21 日龙潭闸水位

表 7-2　各条河道流量对比

河道	降雨量/mm	总雨量/万 m³	产流量/万 m³	入渗量/万 m³	产流系数
南旱河	203.80	458.95	144.60	114.73	0.51
永定河引水渠	272.58	1294.12	821.94	323.42	0.64
京密引水渠昆玉段	203.80	359.04	205.99	89.75	0.57

续表

河道	降雨量 /mm	总雨量 /万 m³	产流量 /万 m³	入渗量 /万 m³	产流系数
南长河、转河	203.80	245.29	165.39	61.31	0.67
北护城河	211.66	146.37	81.80	36.58	0.55
东护城河	210.14	320.32	209.85	80.05	0.66
南护城河	194.30	528.13	339.44	131.99	0.64
前三门暗沟	204.13	691.50	448.02	172.80	0.65
二道沟	197.79	154.90	87.64	38.72	0.57

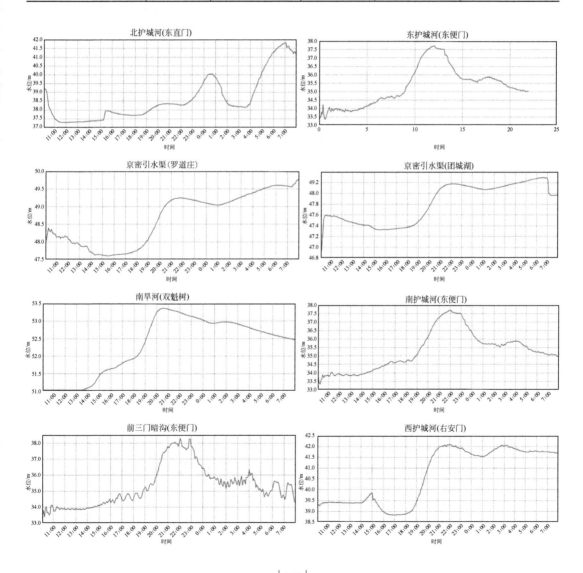

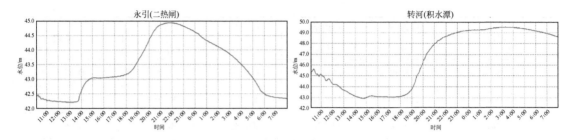

图 7-9　各河段水位过程线

通过乐家花园断面水位过程线（图 7-10），可以看出本次降雨为双峰雨，相应的流量过程也为双峰，并且洪峰起涨迅速，洪水总历时短，洪水起涨时刻约在 2012 年 7 月 21 日 14 时，到 7 月 22 日 8 时，洪峰过程基本结束。洪水起涨总历时才 16 小时，而降雨历时 12 小时。原因是城市区域不透水面积大，产流形成快，而在乐家花园监测站点上游，城区河道调蓄能力有限，造成雨型与洪峰形状的一致，通过下游高碑店闸的运行调控，在 7 月 21 日 19 时至 22 时进行敞泄以及高碑店湖的调蓄作用，使洪峰陡落，洪水过程总历时短。

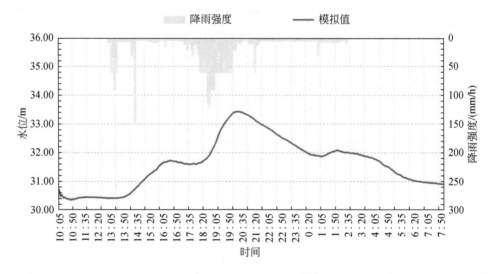

图 7-10　乐家花园水位过程线

流域内河道管网的充满度如图 7-11 所示，反映河道管网运行压力情况，当管网运行不能消纳降雨产流量，将产生溢流，模拟结果如表 7-3 所示，溢流点总数为 82 处，其中溢流时间小于 0.1 小时的有 18 处，0.1～1 小时的有 5 处，1～10 小时的有 50 处，大于 10 小时的有 9 处。

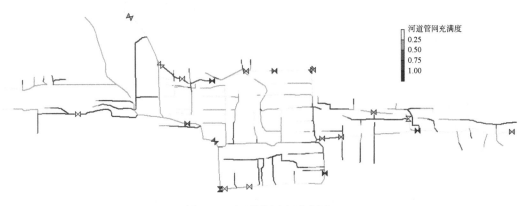

图 7-11　河道管网充满度图

表 7-3　节点溢流个数及时间统计

出现溢流		溢流时间<0.1h		溢流时间 0.1～1h		溢流时间 1～10h		溢流时间 >10h	
数量	比例/%	数量	比例/%	数量	比例/%	数量	比例/%	数量	比例/%
82	9.61	18	2.11	5	0.58	50	5.87	9	1.05

7.2.3　北京市通惠河流域调控模拟分析

进行低影响开发（low impact development，LID）措施改造后，增加城市区域透水区域的面积，模拟透水率面积分别增加 10% 和 20%，其他调控措施保持不变的情景，模拟结果如表 7-4 和图 7-12 所示。

表 7-4　降水产流入渗对比

透水面积增加	降雨量 /mm	总雨量 /万 m³	产流量 /万 m³	入渗量 /万 m³	产流系数
0	213.28	5755.80	3302.43	1438.65	0.57
10%	213.28	5755.80	2948.71	2014.23	0.51
20%	213.28	5755.80	2574.26	2589.81	0.45

实施调控措施后随着透水面积的增加，流域内产生的降雨径流量减少，径流系数分别为 0.57、0.51、0.45，断面处的流量过程线形状并未发生变化，但洪峰流量分别为 $370.20\text{m}^3/\text{s}$、$336.90\text{m}^3/\text{s}$、$299.66\text{m}^3/\text{s}$。

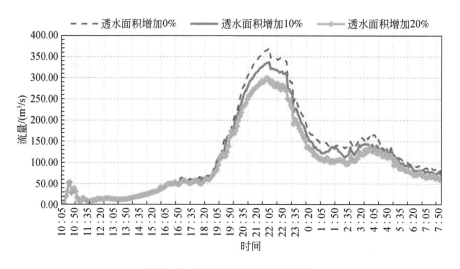

图 7-12　流域出口断面流量对比

7.3　超大型城市排水安全的主要对策

超大型城市排水安全总体路径：建设具有自然积存、自然渗透、自然净化功能的海绵城市。以规划优先、低影响开发、安全为重、防灾减灾为基本原则，从系统规划城市防涝系统、综合利用雨水、加强区域开发径流控制、建立地下深层排水调蓄廊道和完善洪涝灾害应急管理体系等方面进行建设。

规划优先：系统规划城市防涝系统，在城市各层级、各相关专业规划以及后续的建设程序中，应落实海绵城市建设、低影响开发雨水系统构建的内容。

低影响开发：维持场地开发前后水文特征不变，包括径流总量、峰值流量、峰现时间等。从水文循环角度，采取渗透、储存等方式，实现开发后一定量的径流量不外排，维持径流总量不变；采取渗透、储存、调节等措施削减峰值、延缓峰值时间，维持峰值流量不变。

安全为重：以保护人民生命财产安全和社会经济安全为出发点，综合采用工程和非工程措施提高低影响开发设施的建设质量和管理水平，消除安全隐患。

防灾减灾：从灾害角度，建立城市内涝灾害预警预报系统和防灾减灾体系，建立城市内涝应急预案，对城市内涝高风险地区进行识别和警示教育，提升公共安全教育，增强防灾减灾能力，保障城市水安全。

7.3.1 系统规划城市排水系统

发达国家城市排水一般都有两套系统，即小排水系统和大排水系统（图7-13）。小排水系统主要针对城市常见雨情，设计暴雨重现期一般为 2～10 年一遇，通过常规的雨水管渠系统收集排放；大排水系统主要针对城市超常雨情，设计暴雨重现期一般为 50～100 年一遇，由隧道、绿地、水系、调蓄水池、道路等组成，通过地表排水通道或地下排水深隧，传输小排水系统无法传输的径流。大排水系统也可以称城市防涝系统，是输送高重现期暴雨径流的排水通道。

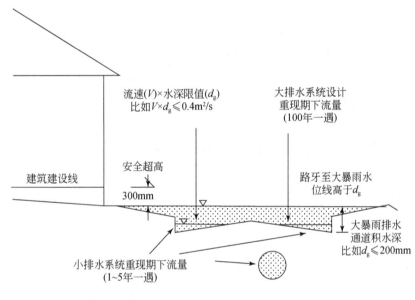

图 7-13　城市大小排水系统

目前我国已建立城市防洪系统和城市排水系统，但缺少城市内涝系统应对由于超标降水导致城市内涝。

我国在城市外部流域层面已经建设了一套防洪系统，城市防洪系统由防御城市外围较大洪水的基础设施组成，包括泄洪河道、泄洪闸、防洪堤、水库、蓄滞洪区等，并且有相应的规划设计规范和技术标准，目的是防止客水进入城市。

在城市内部有城市排水系统，城市排水系统是指对产生于城市内较小汇水面积上较短历时的雨水径流进行排除的系统，包括雨水管渠（含合流管渠）、检查井、排水明沟、雨水泵站、闸阀、城市内河道及受纳水体等，也有一套城市管网排水系统及相应的标准规范。

城市防涝系统包括城市内河湖泊、雨水管渠、泵站、蓄洪区、蓄涝区（公园、绿地、城市广场、地下水库）、小区雨水控制设施、雨水地面流行通道等。国内对于城市防涝系统还缺乏相应的规划理论、设计方法、设计标准。传统的管道系统一般只解决小重现期的暴雨径流，要解决高重现期暴雨内涝问题，解决超管渠设计标准的雨水出路问题，必须构建城市防涝系统，该系统主要针对超常暴雨情景，应能抵御高于管网系统设计标准、低于防洪系统设计标准的暴雨径流形成的内涝，目前顶层设计中缺少城市防涝系统，没有应对超过管道设计标准的城市防涝系统。

7.3.2 完善排水防涝规划标准

对于排水管网的建设标准整体偏低，需要制定和完善城市排水标准，以及城市开发建设的相关标准，规范城市排水防涝设施的规划、建设和运营管理。在城市一般地区重现期采用 1~3 年一遇；重要干道、重要地区或短期积水能引起严重后果的地区，重现期宜采用 3~5 年一遇；特别重要地区重现期采用 5~10 年一遇。

7.3.3 综合利用雨水减轻排水压力

随着城市不透水面的增多，降雨过程洪峰增大和峰现时间提前，导致城市内涝风险增强，雨水形成的地面径流携带了多种污染物，不同种类的污染物排入城市河道，造成水体环境的污染，但同时雨水也给城市水资源带来了补给来源。为抑制城市雨洪的负面影响，最大程度地利用雨水，国外多样化的可持续雨洪管理的理念和技术已得到大范围的应用和实践。其中代表性的有 20 世纪 70 年代起源于北美的最佳管理措施（best management practices，BMPs）；90 年代美国在 BMPs 基础上推行的低影响开发（low impact development，LID）；同时期在英国发起可持续城市排水系统（sustainable urban drainage system，SUDS）；澳大利亚墨尔本作为示范城市开展了水敏感性城市设计（water sensitive urban design，WSUD）的研究；新西兰集合了 LID 和 WSUD 理念的低影响城市设计与开发（low impact urban design and development，LIUDD）。这些模式均致力于寻找一种能缓解城市水患，改善城市水环境的雨水管理解决途径。这些雨水管理理念或措施先后在美国、加拿大、英国、德国、澳大利亚、新西兰等 40 多个国家进行了实践，取得了良好效果。

海绵城市所倡导的 LID 强调城市开发应减少对环境的冲击，其核心是基于源头控制和延缓冲击负荷的理念，LID 是以维持或者复制区域天然状态下的水文机制为目标，通过一系列分布式的措施创造与天然状态下功能相当的水文和土地景观，以对生态环境产生最低负面影响的设计策略。采用源头削减、过程控制、末端处理的方法进行，包括渗透、过滤、蓄存、挥发和滞留,控制面源污染、防治内涝灾害、提高雨水利用程度,常见措施见表 7-5。LID 不同于传统意义上的疏导和流域级别利用大型设施管理径流,这些基于源头控制的微观设计策略包含有另一种形式的暴雨管理实践,即这种源头控制能减少暴雨径流集中管理的需要。LID 措施可以方便地整合城市基础设施,并且成本更低、具有更好的景观效应(张伟和王翔,2020)。

表 7-5　常见的 LID 措施列表

LID 措施	描述
生物滞留池 (bioretention)	生物滞留池基于土壤类型、位置条件和土地利用设计,由一组在污染物去除和暴雨径流削减上起不同作用的结构组成,通常这些结构组成包括:植物缓冲带,沙床,蓄水区,有机层,土壤,植物。生物滞留设施较传统的暴雨输移系统更节约成本。生物滞留池的各组成结构须达到一定的指标才能保证系统的效果,如覆盖层厚度应在 2~3in[*] 且每年需定期更换,土壤在使用前须进行相关指标的检测,种植的植物也有较为严格的要求
植草洼地 (grassed swales)	植草洼地一般用于居民街道和高速公路的两边,具有降低径流速率、过滤和渗滤的作用,沉淀是主要的污染物去除机制,其次是渗透和吸附。当水深最小、停留时间最长时,植草洼地的处理效果最佳。植草洼地适应性强、设计灵活、成本相对较低,也需要定期去除沉淀物和定期对植物进行收割
绿色屋顶 (vegetated roof covers)	绿色屋顶可降低城市不透水比例,是削减城市暴雨径流的有效措施,对于因不透水比例过高造成的旧城区合流制管网溢流控制尤其有效。绿色屋顶包括植被层、介质、土工布层和排水层。绿色屋顶具有诸多好处,如提供绿化空间、降低能耗并为暴雨径流控制提供土地,在欧洲被广泛应用。绿色屋顶对径流的削减量与降雨设计直接相关。所设计的降雨须对该区域最大的降雨具有典型性和代表性
透水铺装 (permeable pavements)	透水铺装可有效降低排水区的不透水比例,最适合低交通量区,如停车场和人行道。透水铺装可使径流进入地下土壤促进污染物的去除,无须管网输送和集中处理
雨落管改造 (raingutter disconnects)	将经屋顶天沟—雨落管输送到排水管网的雨水改接到植草洼地或生物滞留池通过渗透等措施净化,或改接到雨水收集桶或雨水收集槽/箱内,待旱季利用

[*] 1in=2.54cm。

7.3.4　加强区域开发径流控制

改变以往单纯的雨水排放理念,贯彻对雨水采取"排、蓄、滞、渗"的规划设计原则,强调雨洪的源头治理,进行区域开发径流控制。

加强对新建、改建建筑、小区和市政工程建设的雨水控制与利用,制定相应的法律法规和技术规范。在总规和控规阶段,以用地指标控制的形式,落实雨水控制和利用设施用地,并将该类设施建设纳入绿色建筑标准。建设项目雨水影响评价制度,制定如建筑后的径流峰值必须小于建筑前的径流峰值等雨水管理法规(王文,2022)。

应根据低影响开发的要求，结合城市地形地貌、气象水文、经济社会发展情况，合理确定城市雨水径流量控制与源头削减的标准以及城市初期雨水污染治理的标准。一般宜按照径流系数不超过 0.5 进行控制；旧城改造后的综合径流系数不能超过改造前；新建地区的硬化地面中，透水性地面的比例不应小于 40%。严格执行北京市地标《新建建设工程雨水控制与利用技术要点》规定，住宅小区每万平米硬化屋面不少于 500m³ 调蓄空间（公建除硬化屋面外还需要累加室外硬化地面面积，按总硬化面积计算）；下凹绿地面积占绿地总面积 50% 以上；广场和道路透水铺装占总面积 70% 以上。

7.3.5　建立地下深层排水调蓄廊道

按照"西蓄、东排、南北分洪"的防洪调度原则，在确保中心城防洪排涝安全的基础上，统筹西郊砂石坑、南旱河蓄滞洪区、下凹式立交桥积水区雨洪滞蓄等工程建设，减轻超标准降雨给城区"东排"增加的排涝压力，以及系统解决四大排水体系东部内涝问题，根据中心城河流水系特点及近年积水分布情况，在城市西部建设以分流削峰为主的排水廊道，在城市东部建设以蓄滞为主的调蓄廊道（乔玲，2018）。

西部分流廊道系统解决城市南部凉水河水系内涝问题，削减洪峰，降低河道水位。主要解决：①西客站暗渠过流能力小，阻水。②丰草河流域建设区面积增大，入河流量增加。③排涝标准提高，流量增加。④莲花河、玉泉营等立交桥积水。

东部滞蓄廊道系统解决四大排水体系东部内涝问题。增加雨洪滞蓄，控制下泄，加强流域间的联合调蓄。主要解决：①局地暴雨，降雨在南北流域分布不均问题；②中心城排涝标准提高至 50 年一遇，流量增加，温榆河、北运河出口流量限制；③十里河等立交桥积水。

7.3.6　完善洪涝灾害应急管理体系

1）完善洪涝灾害应急预案和应对

城市内涝事件具有偶然和突发性，同时城市防涝应急处理往往要涉及多个层面、多个部门，如气象、水利、市政、交通、城市综合管理等部门。面对突发性的城市内涝，为了有效地减轻人员伤亡与财产损失，政府与社会需要紧急的动员能力，因此需要建立常态化的运行管理协调机制，实际可操作的应急预案，明确各相关部门在应急行动中的责任与义务，制定不同等级的应急预案与启动标准。采取紧急情况下强有力的通信与交通保障措施，落实应急组织管理体系，储备必要的应急物资，开展应急训练等，以保证应急方案的有效实施。

建立跨部门、跨区域的综合预警监测平台和预警信息发布平台,加强对城市防洪防涝风险隐患的普查,建立分级、分类管理制度,落实综合防范和处治措施,并实行动态管理和监控。充分利用广播、电视、互联网、手机短信等媒体和手段,及时发布城市防洪防涝预警等级信息,气象、水利、城建、交通、公安、消防等相关部门健全互联互通的信息共享与协调联动机制。

加强城市各部门之间的协作机制建设,理顺各专项应急指挥部之间工作关系,做到应急联动,协同应对。加大投入,扩充功能,增加设备,加强培训和演练,提高城市防洪防涝的专业综合处置能力,做好城市防洪防涝应急物资储备,调配布局机制。

2) 建立实时监测预警系统

长期以来,许多城市对地下管网的数据采集维护管理工作薄弱,大部分城市缺乏准确全面的管网基础数据,在完善城市基础设施信息普查的基础上,建立完整的数据库及其系统管理,同时加强降雨等气象资料、城市排水基础设施和下垫面的 GIS 数据等数据的公开和共享。

加强城市防汛工作的信息化建设,实现对城市低洼地区、立交桥、泵站出水口、主要道路及道桥和排洪河道水位变化情况的数字化管理和实时监控,并配置必要的移动视频监测车,确保主要防汛路段、河段、区域监测到位。

综合利用气象局的预报技术和水文信息,就强降雨可能引发地表水泛滥风险发布预警,加强城市水文、气象站网建设,改善监测手段,加大监测密度,增加雨量遥测站点,提高城市暴雨预测精度,延长暴雨预见期。

3) 洪涝灾害公众教育

实施内涝灾害公众教育,提升公众对灾害的危害认识,理解并接受灾害应对知识、自身的防范知识和政府防涝所采取的相应措施,如内涝风险等级、逃生通道、避险场地交通管制措施、和救助机制,从而在实际中科学应对灾害。公示城市洪水风险图,让公众了解不同强度洪水对城市造成的内涝可能淹没范围和水深等信息,针对城市交通干道、低洼地带、危旧房屋、建筑工地等重点部位,要切实加强防范,并设立必要的警示标识。提升公众的风险意识,以及相应的灾害应对知识。

第三部分

社会水循环健康调控

|第8章| 北京建设和谐宜居之都需水预测

8.1 北京生活需水预测

8.1.1 人口发展情景

1) 基准情景

2017年北京市常住人口规模为2170.7万人,比2016年减少2.2万人,是近20年来常住人口首次实现负增长。《北京城市总体规划(2016年—2035年)》提出,"通过疏解非首都功能,实现人随功能走、人随产业走。降低城六区人口规模,城六区常住人口在2014年基础上每年降低2~3个百分点,争取到2020年下降约15个百分点,控制在1085万人左右,到2035年控制在1085万人以内。城六区以外平原地区的人口规模有减有增、增减挂钩。山区保持人口规模基本稳定"。本次以这一控制目标为北京市人口发展基准情景,即在现有水资源供给条件下,未来时期北京市持续实施人口严控政策,2035~2050年,人口都稳定在2300万人。

2) 发展情景

任泽平等将北京市与国际大都市进行系统对比,从经济发展角度看,人口迁移的基本逻辑是人随产业走、人往高处走。决定一个区域人口集聚的关键是该区域经济规模及该区域与本国其他地区的人均收入差距,即经济-人口分布平衡法则(聂青云等,2022)。在市场作用下,人口流动将使得区域经济份额与人口份额比值逐渐趋近1,高收入经济体城市人口集聚的国际经验使经济-人口比值接近1。尽管北京市经济-人口比值一直持续下降,但2017年仍为2.17,远高于2012年经济合作与发展组织(Organization for Economic Co-operation and Development,OECD)248个城市(全球高收入国家50万人以上城市)功能区的均值1.07。美国当前50万人以上都市区经济-人口比值的均值为0.98;日本人口长期大规模向东京圈、大阪圈和名古屋圈三极集聚,直至1973年三大圈经济-人口比值分别降至1.22、1.13、1.12后,转向东京圈一极集聚;韩国人口长期大规模向首尔圈集聚,直至首尔圈经济-人口比值降至1左右。

因而，在北京市建设国际一流和谐宜居之都的目标下，可以推测其经济份额未来不可能大幅下降。在这种情况下，可以预测，经济-人口分布的内在平衡动力将驱动北京市未来人口显著增长。如果严厉的人口控制政策被长期执行，即便最后控制住了北京市的常住人口，但很可能会有比现在更多的人口居住在周边，通勤就业，即北京都市圈人口显著增长。

北京都市区人口密度（2571 人/km²）位居第六，排在前五名的是首尔都市区（5339人/km²）、孟买都市区（5235 人/km²）、东京都市区（4181 人/km²）、墨西哥都市区（4000 人/km²）和上海（3539 人/km²），其中，东京都市区的土地面积（8592km²）明显大于北京（7664km²）。大致估计，北京都市区人口密度上限在 4200～4600 人/km²，北京市的土地资源可承载常住人口 3000 万以上的规模。这也间接佐证了水资源承载能力是北京市人口发展规模的决定性因素。换言之，如果在现有水资源条件下，进一步拓展水源增加供水能力，则北京市人口仍有一定发展空间。

虽然北京市一直试图控制人口规模，但其制定的人口控制目标一次又一次被突破，因此本次将 3000 万作为北京市人口发展上限，设置三种情景，以期通过不同情景设置，进一步探讨未来南水北调东线向北京市不同供水规模下可支撑的人口发展规模。基准情景为《北京城市总体规划（2016 年—2035 年）》提出的控制目标情景，人口为 2300 万；发展情景 1 为略有突破情景，人口为 2500 万；发展情景 2 为高承载情景，人口为 3000 万。

8.1.2 生活用水定额

2021 年北京城镇人均生活用水量为 221L/（人·d），比 2010 年增加 8%，北京农村人均生活用水量为 128L/（人·d），比 2010 年减少 38%。与国外城市相比，如图 8-1 所示，北京的城镇生活用水基本处于中等水平。本报告将城镇和农村的生活用水定额综合起来进行折算，经计算，2016～2020 年五年的人均生活用水定额分别为 174L/（人·d）、183L/（人·d）、186L/（人·d）、188L/（人·d）、175L/（人·d），五年内生活用水定额波动范围在 8% 左右。

《北京市"十三五"节水型社会建设规划》中设定 2035 年人均生活用水量控制在220L/（人·d）以内，且北京市正在开展的节水型区创建指标标准中人均生活用水量也是控制在 220L/（人·d）以内。

基于以上分析，对标世界先进城市，如图 8-1 所示，并考虑到未来水平年城镇居民生活水平提高，公共服务水平不断提升，且城镇人口增长较快，预测人均生活用水量控制在220L/（人·d）以内。

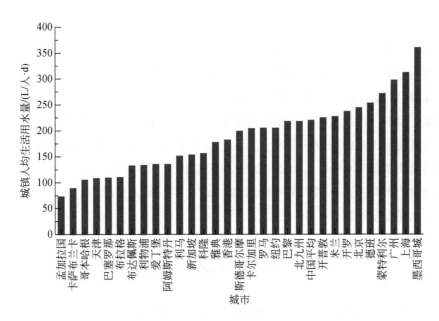

图 8-1 部分国家或城市的城镇人均生活用水量

8.1.3 生活需水量

经计算，三种情景方案下的生活需水预测结果如表 8-1 所示，具体如下。

基准情景：人口为 2300 万，人均生活用水量为 220L/d，生活需水量 18.47 亿 m^3。

发展情景 1：人口为 2500 万，人均生活用水量为 220L/d，生活需水量 20.08 亿 m^3。

发展情景 2：人口为 3000 万，人均生活用水量为 220L/d，生活需水量 24.09 亿 m^3。

表 8-1 三种情景方案下北京市生活需水量 （单位：亿 m^3）

基准情景			发展情景 1			发展情景 2		
人口 /万人	定额 /L/d	需水量 /亿 m^3	人口 /万人	定额 /L/d	需水量 /亿 m^3	人口 /万人	定额 /L/d	需水量 /亿 m^3
2300	220	18.47	2500	220	20.08	3000	220	24.09

8.2 北京工业需水预测

2017 年，北京市用水量为 3.56 亿 m^3，工业增加值为 4201.93 亿元，万元工业增加值用水量为 8.5 m^3。依据《北京城市总体规划（2016 年—2035 年）》，北京市工业用新水零增长。《北京市"十四五"时期制造业绿色低碳发展行动方案》中提出，要全面统领制造业减污降碳节能增效和先进制造业发展，以绿色低碳为导向，提高产业质量效益和核心竞争力，推动制造业高质量发展。到 2025 年，制造业领域高精尖产业比重进一步提升，新能源和可再生能源持续扩大推广应用，化石能源占比稳步下降，能源资源利用效率进一步提升，一批前沿低碳负碳工艺技术得到示范应用。

基于以上因素，本报告考虑未来规划水平年北京市需水量基本零增长，2017～2035 年随着市区的高耗水工业的疏解和完成，万元工业增加值用水量持续减少，预测 2035 年万元工业增加值用水量为 6.4m³；2035～2050 年工业转型基本升级完成，北京市进一步发展低耗水高附加值产业，工业增加值不断增加，2050 年万元工业增加值用水量降至 5.7m³，预测工业需水量稳定控制在 3.56 亿 m³。

8.3 北京农业需水预测

《北京城市总体规划（2016 年—2035 年）》提出农业用水负增长，依据《北京市推进"两田一园"高效节水工作方案》，按照以水定地的原则，调整农业生产空间布局、优化农业种植结构。严格用水限额管理，将年度用水指标落实到区、乡镇、村。粮田控制在 87 万亩，落到每一村庄、每一地块，亩均用水量每年不超过 200m³。地下水严重超采区、水源保护区内以建设雨养农业、生态田为主，退出高耗水作物种植。菜田控制在 64 万亩，落到每一村庄、每一地块，露地菜田亩均用水量每年不超过 200m³，设施菜田亩均用水量每年不超过 500m³。地下水严重超采区、水源保护区内严禁新发展设施农业、菜田，不新增用水量。鲜果果园控制在 103 万亩，落到每一村庄、每一地块，亩均用水量每年不超过 100m³。山区、半山区等无水源条件的"两田一园"发展雨养农业，实行生态修复。

本报告依据北京市"十三五"时期水资源保护与利用规划 2020 年的预测结果，在此基础上 2035 年和 2050 年基本保持不变，具体见表 8-2 和表 8-3。经计算，预测农业需水量保持在 4 亿 m³。

表 8-2　规划水平年农田灌溉定额　　　　　（单位：m³/亩）

类型	景观农业	旱作农业	籽种田	陆地菜田	设施菜田	林果
灌溉定额	100	0	200	240	500	100

表 8-3　规划水平年农田面积　　　　　（单位：万亩）

类型	粮田			菜田		果园
	景观农业	旱作农业	籽种田	陆地菜田	设施菜田	
面积	30.1	19.2	30.7	29.5	34.5	
小计	80			64		100

8.4 北京生态需水预测

生态环境良好是北京市建设和谐宜居之都的必备条件，根据《北京城市总体规划
（2016 年—2035 年）》（以下称总体规划），在 2035 年实现"成为天蓝、水清、森林环绕
的生态城市"。水是生态之基，生态环境的改善离不开水的支撑，因此合理地计算北京市
建设和谐宜居之都的生态需水，有助于北京市合理地配置水资源，优先保障生态用水，高
质量地实现规划目标。

8.4.1 和谐宜居之都的生态现状与建设目标

1）现状年北京市生态用水情况

2021 年北京市生态用水共计 16.68 亿 m³，其中河湖补水 15.84 亿 m³，城乡环境用水
0.84 亿 m³，其中河湖补水包括城市景观水系补水以及主要干流部分河段的生态补水。北
京市生态用水需求如表 8-4 所示，2021 年北京市城市景观水系、重点湖泊，以及环卫绿化
用水能保障最基本用水需求，而对于永定河等干流河道仅能在部分河段拦蓄形成水面，还
不能满足全河道水系连通。现状年的生态水量并不能实现北京市建设和谐宜居之都的目
标，尤其是干流河道生态水量严重亏缺（陈丽华等，2002）。

表 8-4　现状年北京市生态用水情况　　　　　　　　（单位：亿 m³）

北京市	河湖补水	环卫绿化	合计
中心城区	6.04	0.93	6.97
通州新城	1.44	0.30	1.74
其他城区	3.15	0.31	3.46
合计	10.63	1.54	12.17

2）和谐宜居之都生态需水目标

根据北京市总体规划梳理总结相关生态建设目标，以此为基础指导开展合理的生态需
水预测。将生态需水分为两部分，即河道内生态需水和河道外生态需水。总体规划中有关
河道内和河道外生态需水的叙述见表 8-5 和表 8-6。

表8-5　总体规划中有关河道内生态需水的叙述

序号	总体规划建设目标	区域	备注
1	以五河为主线，形成河湖水系绿色生态走廊。逐步改善河湖水质，保障生态基流，提升河流防洪排涝能力，保护和修复水生态系统	全市	第49条
2	构建水城共生的蓝网系统。到2035年中心城区景观水系岸线长度由现状约180km增加到约500km	中心城区	第28条
3	保护和恢复重要历史水系，形成六海映日月、八水绕京华的宜人景观	中心城区	第57条
4	突出水城共融、蓝绿交织、文化传承的城市特色。将潮白河、温榆河等水系打造成景观带，亲水开敞空间15分钟步行可达。改造和恢复玉带河约7.5km古河道及古码头等历史遗迹	通州新城	第31条
5	以元明清时期的京杭大运河为保护重点，以元代白浮泉引水沿线、通惠河、坝河和白河（今北运河）为保护主线，全面展示大运河文化魅力	通州新城	第55条
6	梳理地区历史发展脉络，部分恢复水稻田园风光。逐步恢复历史水系，展现历史盛期水系格局和景观景色	其他城区	第62条

表8-6　总体规划中有关河道外生态需水的叙述

序号	总体规划建设目标	区域	备注
1	构建"一屏、三环、五河、九楔"的市域绿色空间结构。一屏指山区生态屏障；三环指一道绿隔城市公园环、二道绿隔郊野公园环、环首都森林湿地公园环；五河指永定河、潮白河、北运河、拒马河、泃河为主构成的河湖水系；九楔指九条楔形绿色廊道		
2	建设森林城市，到2035年全市森林覆盖率由现状41.6%提高至不低于45%。其中，到2035年平原地区森林覆盖率由现状22%提高到33%。重点实施平原地区植树造林，增加平原地区大型绿色斑块，让森林进入城市	全市	第49条
3	构建由公园和绿道相互交织的游憩绿地体系，优化绿地布局。到2035年建成区人均公园绿地面积由现状16m² 提高到17m²		
4	构建多功能、多层次的绿道系统。以市级绿道带动区级、社区绿道建设，形成市、区、社区三级绿道网络。到2035年绿道总长度由现状约311km增加到约750km	中心城区	第28条
5	建设蓝绿交织的森林城市，形成"两带、一环、一心"的绿色空间结构。两带是位于北京城市副中心与中心城市、廊坊北三县地区东西两侧分别约1km、3km宽的生态绿带；一环是在北京城市副中心外围形成环城绿色休闲游憩环，长度约56km；一心即城市绿心，约11.2km²	通州新城	第31条

续表

序号	总体规划建设目标	区域	备注
6	大幅增加绿地面积，优化绿地结构，提升绿化质量，重点建设好第一道绿化隔离地区城市公园环和第二道绿化隔离地区郊野公园环，提高绿地生态功能和休闲服务协同	城乡结合部	第103条

8.4.2　生态需水计算方法

根据和谐宜居之都的生态建设目标，将河道内生态需水和河道外生态需水进一步细分，河道内生态需水分为：①主要干流河道需水，主要是"五河"生态需水；②市区景观河道需水，主要是城区内部景观水系，包括现有景观水系的和恢复历史水系的生态需水；③市区内重点湖泊需水，包括自然湿地湖泊和营造的景观湖泊等。河道外生态需水分为：①平原区绿化造林需水，包括城市森林、城市绿道建设等；②城市的公园绿地，主要是市内公园、街道绿地生态需水等。

1. 河道内生态需水计算

1）情景设置

计算河道内生态需水量时，考虑到河湖改善的不同目标、实现时间以及河湖所在区域的重要性、河湖用水特点等因素，分别设置初步修复、景观良好、生态健康3个河湖生态需水方案，如表8-7所示。本次河道内生态需水计算也考虑了河湖水质的改善，适当增加了改善水质的水量需求，但从长期发展考虑，河湖水质仍需要以源头减排为主，削减入河污染负荷的方式来保障水体健康。

表8-7　河道内生态修复方案

	干流水系	景观河、湖
初步修复	部分河段维持景观水面	仅河道维持蒸发渗漏水量
景观良好	全河段不断流仅保证蒸发渗漏水量	河湖换1~2次水，重点河段水体缓慢流动、亲水景观优美
生态健康	河道水体流动、碧波荡漾、水循环基本健康	增加河湖换水次数、流水潺潺、河道水质良好、生态健康

2）计算方法

（1）Tennant 法。Tennant 法是在河流流量与河宽、流速、水深之间的相互关系基础上，提出以历史年平均流量的百分比作为生态流量。Tennant 法计算生态流量时通常分为一般用水期和鱼类产卵育幼期，考虑到北京市实际情况，无鱼类产卵生态水量需求，故根据汛期（6~8 月）和非汛期（9~次年 5 月）做生态流量的区分，生态流量区间如表 8-8 所示。

表 8-8　Tennant 法生态流量区间

栖息地等定性描述	推荐的流量标准（年平均流量百分数/%）	
	非汛期（9~次年 5 月）	汛期（6~8 月）
最大	200	200
最佳流量	60~100	60~100
极好	40	60
非常好	30	50
好	20	40
开始退化	10	30
差或最小	10	10
极差	<10	<10

（2）槽蓄法。槽蓄法是指根据河道形态，人为地确定湿周和水面面积，从而确定生态需水量，需考虑水面蒸发渗漏量和维持水体水质的流动换水量。槽蓄法通常用于无水生生物栖息地需水要求，仅维持一定水面的河道。

2. 河道外生态需水

河道外生态需水主要是平原区植树造林用水和公园、市政绿化用水，河道外生态需水采用定额法计算，根据《北京市主要行业用水定额》（北京市节约用水办公室印发）确定的平水年林业植树的灌溉定额为 145m³/（亩·a）；园林绿化用水定额根据现状用水情况估算，现状年北京市人均绿地面积为 16m²，总绿地面积为 347km²，园林绿化用水量为 1.54 亿 m³，可计算出现状年北京市市政绿化用水定额为 295m³/（亩·a），假设规划年市政绿化用水定额不变，灌溉定额乘以规划年的规划面积即为河道外生态需水量。

8.4.3 生态需水量计算结果

1. 干流河道"五河"生态需水量

干流河道可分为两类，一类是较为天然的河流如拒马河、永定河山峡段、潮白河山区段，目前仍有天然径流，水源条件稍好，宜采用 Tennant 法计算生态需水量；另一类是"五河"（即永定河、北运河、潮白河、拒马河、泃河）的平原河段，目前几乎无天然径流，水源条件差，宜采用槽蓄法计算，计算结果如表 8-9 所示。

表 8-9 "五河"生态需水量计算表

水系分区	河道长度/km	方法	生态需水量/亿 m^3					
			初步修复		景观良好		生态健康	
			全部	平原	全部	平原	全部	平原
永定河	172	Tennant 法/槽蓄法[b]	3.30	2.7	4.03	2.7	5.16	3.05
北运河	180	槽蓄法	1.90	0.5	3.23	1.45	4.3	2.01
潮白河	259	Tennant 法/槽蓄法	2.49	0.5	3.73	2.52	4.53	2.95
拒马河	44	Tennant 法	0.75	0.26	1.42	0.85	2.04	1.12
泃河	54	槽蓄法	0.4	0.22	0.96	0.53	1.4	0.85
合计	627		8.84	4.18	13.37	8.05	17.43	9.98
三大河[a]			7.69	3.7	10.99	6.67	13.99	8.01

a 三大河指永定河、北运河、潮白河，是北京重要的三条河流水系。

b 山区河道生态需水采用 Tennant 法，平原区采用槽蓄法。

2. 市区景观河道生态需水量

市区景观河道主要位于中心城区、通州新城和其他城区城市，以市区景观河道为主，根据北京市水利普查数据以及 Google Earth 遥感影像识别，计算市区景观河道生态需水量如表 8-10 所示，本次分析共涉及河道 165 条，河长约 1039km，其中中心城区河道 90 条，通州新城河道 26 条，其他城区河道 49 条。

表 8-10 市区景观河道生态需水量计算表

水系分区	河流长度/km	初步修复		景观良好		生态健康	
		年换水次数	需水量/亿 m^3	年换水次数	需水量/亿 m^3	年换水次数	需水量/亿 m^3
中心城区	567	0	2.23	1	4.34	2	7.92

续表

水系分区	河流长度/km	初步修复		景观良好		生态健康	
		年换水次数	需水量/亿 m³	年换水次数	需水量/亿 m³	年换水次数	需水量/亿 m³
通州新城	172	0	0.76	1	1.12	2	2.54
其他新城	300	0	1.45	1	2.9	2	4.05
合计	1039	—	4.44	—	8.36	—	14.51

3. 湖泊生态需水量

本次统计湖泊共63个，其中中心城区湖泊39个，面积约10.3km²，通州新城湖泊3个，面积约3.32km²，其他城区湖泊23个，面积约7.38km²。考虑到湖泊流动性差，为满足水质要求，城六区湖泊每年换水两次，每次换水深度1~2m。另外，考虑到部分湖泊与河流水系相连，存在上游流动水量到下游后可作为下游重复水量，计算时适当扣除重复水量，则湖泊生态需水量如表8-11。河湖水系具有互联互通的属性，单独计算各自需水量在汇总时需考虑重复水量，尤其考虑换水情景时，上游换水必然对下游河湖产生影响。在汇总计算时按以下规则：首先以初步修复方案为基准，代表最基本的蒸发渗漏消耗；其次分别计算干流、景观水系、重点湖泊从低一级方案到高一级方案需增加的水量；最后用基准方案加上低一级方案到高一级方案需要增加水量的最大值即为河湖实际需水量（表8-12）。

表8-11　湖泊生态需水量计算表

区域	湖泊面积/km²	初步修复		景观良好		生态健康	
		换水次数	需水量/亿 m³	换水次数	需水量/亿 m³	换水次数	需水量/亿 m³
城六区	10.3	0	1.34	1	1.53	2	1.92
通州新城	3.32	0	0.46	1	0.52	2	0.64
其他新城	7.38	0	0.95	1	1.06	2	1.28
小计	21	—	2.75	—	3.11	—	3.84

注：湖泊换水深度为1m。

表8-12　扣掉重复后河湖生态需水量

	初步修复/亿 m³	景观良好/亿 m³	生态健康/亿 m³
干流"五河"	7.69	10.99	13.99

	初步修复/亿 m³	景观良好/亿 m³	生态健康/亿 m³
景观河道	4.04	8.36	12.76
重点湖泊	2.75	3.11	3.84
小计	14.48	22.46	30.59
扣除重复小计	11.73	18.78	22.48

4. 平原区植树造林生态需水量

平原区植树造林是总体规划中提到增加大型绿色斑块、创建森林城市的有效抓手，2012 年，北京市决定实施平原区百万亩造林工程，营造多处大规模、有特色、多功能的城市森林景观，使中心城区与新城、新城与新城之间拥有越来越多的绿色隔离空间，到 2015 年底一期工程建设任务全面完成，总计造林 105 万亩，植树 5400 多万株。2018 年北京市提出"实施新一轮百万亩造林绿化工程"，计划内容如表 8-13 和图 8-2 所示，新一轮百万亩造林绿化工程涉及全市 16 个区，建设任务主要安排在中心城区、平原区和浅山区，预计造林 100 万亩。

表 8-13 新一轮百万亩造林绿化行动计划

区域	造林绿化项目	造林绿化任务/万亩
合计		100
建成区	城市森林	2.6
	小微绿地	
	楔形绿地	
	公园绿地	
	小计	2.6
平原区	一道绿隔	3.3
	二道绿隔	3.6
	平原森林湿地	42
	山前平缓地	8
	美丽乡村	2.1
	小计	59

续表

区域	造林绿化项目	造林绿化任务/万亩
浅山区	台地、坡耕地	13
	拆迁腾退地	0.53
	荒山造林	22.57
	矿山生态修复	2.3
	小计	38.4

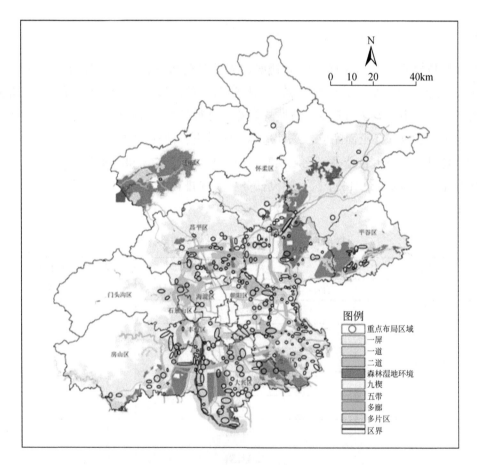

图 8-2　北京市新一轮百万亩绿化造林重点布局区域示意图

　　考虑到造林初期苗木生长需要灌水，设置林地灌溉定额为 $145m^3/($亩·a$)$，2035 年完成造林任务，则 2035 年平原区造林绿化需水量约为 1.45 亿 m^3（表 8-14）。

表 8-14　平原区植树造林需水量

	各区造林面积 /万亩	灌溉定额/ [m³/(亩·a)]	需水量 /亿 m³
中心城区	7.31	145	0.11
通州新城	10.53	145	0.15
其他城区	82.16	145	1.19
小计	100	—	1.45

5. 城市公园绿地生态需水量

总体规划中提到 2035 年北京市建成区人均公园绿地面积由现状 16m² 提高到 17m²，根据北京市人口规模估算，2035 年公园绿地生态需水量约为 1.72 亿 m³，预估 2050 年人均公园绿地面积达到 18m²，则 2050 年公园绿地生态需水量约为 1.82 亿 m³，计算如表 8-15 所示。

表 8-15　公园绿地生态需水量计算表

	2035 年		2050 年	
	面积/km²	需水量/亿 m³	面积/km²	需水量/亿 m³
中心城区	120	0.53	127	0.56
通州新城	75	0.33	80	0.35
其他新城	195	0.86	208	0.91
小计	390	1.72	415	1.82

6. 和谐宜居之都生态需水量汇总

对于河道内生态需水量，考虑水循环逐步修复过程，按照北京市不同生态修复标准，要实现初步修复生态需水量为 17.7 亿 m³，要实现景观良好目标生态需水量为 22.1 亿 m³，要实现生态健康生态需水量为 27.6 亿 m³（表 8-16）。

表 8-16　北京市建设和谐宜居之都生态需水量汇总　　　　（单位：亿 m³）

	干流"五河"	景观河道	重点河湖	平原造林	公园绿化	合计
初步修复	7.69	4.44	2.75	1.45	1.6	17.93
景观良好	10.99	8.36	3.11	1.45	1.72	25.63
生态健康	13.99	14.51	3.84	1.45	1.82	35.61

8.5 北京需水预测汇总

综合分行业在不同发展情景下的需水预测结果，汇总规划水平年北京市需水预测结果如表 8-17 和表 8-18 所示。生活需水量由人口发展规模决定，为 18.74 亿~24.09 亿 m^3，工业和农业需水量分别为 3.56 亿 m^3 和 4 亿 m^3，根据生态修复目标不同，生态需水量预计为 17.75 亿~27.6 亿 m^3，不用情境下总需水量为 43.78 亿~59.25 亿 m^3。

表 8-17 北京市不同情境下分行业需水预测汇总

类别		需水量/亿 m^3
生活	基准情景（2300 万人）	18.47
	情景 1（2500 万人）	20.08
	情景 2（3000 万人）	24.09
工业		3.56
农业		4
生态	初步修复	17.75
	景观良好	22.05
	生态健康	27.6

表 8-18 北京市不同情境下生活需水预测汇总

类别		需水量/亿 m^3
生活	基准情景（2300 万人） 初步修复	43.78
	景观良好	48.08
	生态健康	53.63
	情景 1（2500 万人） 初步修复	45.39
	景观良好	49.69
	生态健康	55.24
	情景 2（3000 万人） 初步修复	49.4
	景观良好	53.7
	生态健康	59.25

|第9章| 北京地下水系统恢复需求评估

9.1 北京第四系地层及水文地质条件

北京市平原区除山前一带为坡积、洪积堆积物外，主要由永定河、潮白河、拒马河、大石河、泃河、错河等河流作用形成的冲洪积扇相互连接而成，其中永定河和潮白河冲洪积扇最大两扇相邻，互相交汇，几乎控制了整个平原地区（图9-1）。第四纪以来由于受新构造运动的影响，山区不断抬升，平原强烈下降，并接受了巨厚的沉积物，受不同断裂活动影响和地理环境限制，沉积厚度有明显的差异，形成几个不同的古盆地沉积中心，如沙河南口凹陷、顺义凹陷、平谷凹陷等。第四系厚度变化的总体规律是从山前至平原逐渐增厚。北京市第四系地层自山前到平原厚度由数十米到数百米，局部受构造控制，如天竺、顺义一带，第四系厚达500~800m，延庆盆地内第四系地层厚达千米以上。沿每条河流从上游到下游，含水层由单一含水层逐渐演变为多层，含水层颗粒由粗变细（华金玉，2022）。

北京市第四系地层可分为山区地层和平原区地层，结构具有典型的冲洪积扇和冲洪积平原特征。山区分布有残积、坡积物，山麓分布有残积、坡积及洪积物；平原区以洪积、冲积物为主，并有零星分布的湖沼堆积物和风积物。在城镇所在地区，表层堆积有较厚的人工填土（孙佳珺等，2019）。

平原区与山区交界地带的岩性为漂石、卵石、碎石、黏性土（或黄土）。平原区上部的地层以厚层的卵石、砾石、砂层为主，至中、下部则由粗颗粒的卵石、砾石、砂层逐渐过渡到以砂、黏性土为主，同时卵石、砾石层的埋深逐渐增加，且卵石、砾石和砂、黏性土互层结构也渐增多。平原区各条河流的上游河段，地层以卵石、砾石层为主，向下游，颗粒逐渐变细，即从卵石、砾石层—砾石、砂与黏性土互层—砂、粉砂与黏性土互层，显示出从山区到平原，从上游到下游，岩性颗粒由粗到细的变化规律。

第四系地下水主要指第四系松散堆积物中赋存的孔隙水，其特点为：从山前到平原含水层厚度逐渐增加，由单一的砂卵砾石含水层，逐渐过渡到多层，岩性由粗变细，含水层从潜水逐渐过渡到承压水，冲洪积扇顶部地区地下水富水条件良好，单井出水量大，但山前地区地下水埋藏较深。

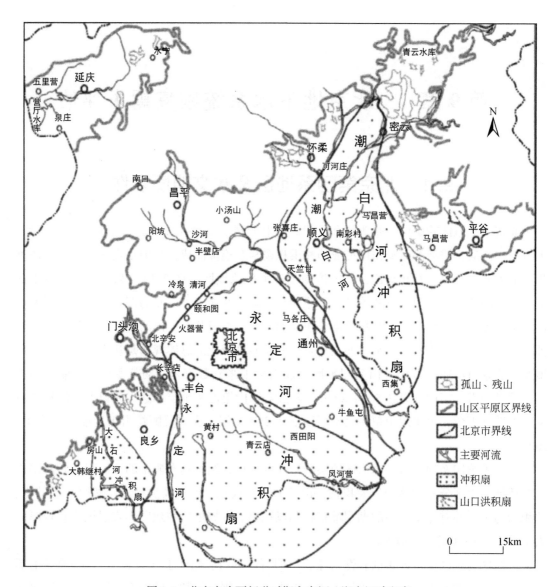

图 9-1 北京市晚更新世时期永定河、潮白河冲积扇

单一结构的砂卵石层分布在冲洪积扇的顶部，由于地下水位的降低，在山前的一些地区，地层内没有地下水，或在第四系与基岩接触面上有少量地下水；远离山前地区，地下水位埋藏较深，水位埋深 10~30m 较常见。在各个冲洪积扇的顶部，大气降水直接渗入地下，是平原区地下水的补给区。含水层岩性主要为砂卵石层，透水性好，渗透系数>80m/d，水量丰富，单位出水量≥1000m³/（d·m）。地下水皆为潜水，含水层厚度各地不一，大清河冲洪积扇顶部的含水层厚度小于 10m，永定河的在 5~15m，京西八宝山以北的在 24m 左右，潮白河的在 3~6m，沟河的在 3~13m。

二、三层结构的砂石、卵石、砾石层分布在冲洪积扇中上部,为砂石、卵石、砾石层与黏土层互层结构。平谷盆地的含水层累积厚度在 11~20m,潮白河的在 2~20m,温榆河的在9~11m,永定河的在 10~16m,大清河的在 8~28m。含水层岩性由粗颗粒向细颗粒过渡,地下水由潜水向承压水过渡,基本上处于地下水溢出带上。浅层为潜水,深层为承压水,水量丰富,单位出水量一般为 200~1200m³/(d·m)。

多层结构的砂砾石夹少数砂层分布在冲洪积扇中部,含水层由 3~4 层砂砾石及砂层组成。大清河冲洪积扇的含水层累计厚度为 14~19m,永定河冲洪积扇的为 5~13m,温榆河冲洪积扇的为 4~18m,潮白河冲洪积扇的为 12~24m,平谷盆地的为 10~16m。含水层单位出水量为 10~210m³/(d·m),地下水类型为承压水。该区分布面积较广,在大清河与永定河的冲洪积扇部分基本上连成一片,包括房山区的南部、东部,大兴的北部,丰台区的东部,崇文区,东城区,朝阳区的大部分地区,海淀区的北部,北沙河的下游,潮白河与沟、错河冲洪积扇下部,顺义区的北部及平谷的西南部,延庆区的东北及西南部也有分布。

多层结构的砂层夹少数砂砾石层主要分布在冲洪积扇的下部,面积较大,如在房山区的南部,大兴区、通州区的绝大部分,朝阳区的东部,昌平区的东南部,顺义区的南部,延庆县官厅水库周围等均有分布。该区沉积物颗粒较细,含水层以砂层为主,层多而薄,一般单层厚度不超过 10m,累计厚度小于 20m。该区单位出水量多小于 60m³/(d·m),为承压水。

多层结构的砂层主要分布在大兴区南部的榆垡、南各庄、采育和凤河营,通州区的牛堡屯、永乐店、觅子店、西保一带。含水层岩性为细粉砂,层多而薄,累计厚度小于15m。由于含水层岩性较细,透水性差,地下水矿度较高,地表出现盐渍化。该区单位出水量小于40m³/(d·m)。

缺少良好含水层的地区在山前倾斜带或平原基底基岩隆起的地区,第四系沉积物薄,缺乏良好的含水层,单位出水量小于40m³/(d·m)。例如,昌平区九里山附近的阿苏卫、百善、小汤山一带,石景山区的八宝山附近,顺义区的二十里长山,怀柔水库南部以及由残积、坡积、洪积、冰碛成因的沉积物构成的山前倾斜带。另外在海淀区的北部永丰屯、上庄、北庄子一带,都是缺乏含水层的地区。

9.2 第四系地下水补径排特征

9.2.1 地下水补给来源

地下水的补给来源有大气降水、地表水、山区侧向径流、灌溉水、人工补给等(李鹏等，2017）。

（1）大气降水入渗补给。大气降水通过平原区的松散沉积物的孔隙及山区岩石的裂隙、溶隙、溶洞等直接渗入地下，这是地下水的主要补给来源，占地下水补给量的50%。

（2）地表水入渗补给。北京市的河流出山以后，在流经冲洪积扇顶部的砂卵石层时，河水大量渗透补给地下水。如大石河出山后不远，变成伏流，在夏村附近又出露地表，据计算，年渗入补给量约为1亿 m^3。永定河自雁翅至军庄段，河谷深切九龙山向斜北翼，两岸大片出露古生界灰岩，据水文资料估算，这一段河水渗漏量为3m^3/s，年补给量近1亿 m^3。永定河在卢沟桥以下变为地上河，河水终年补给地下水。温榆河北沙河上游七条支沟，出山以后均为干沟，在冲洪积扇地下水溢出带又出露地表变为地表水。1974年密云水库给天津市、河北省放水时，潮白河在密云区、怀柔区、顺义区等地段的304km^2范围内，地下水位上升2~8m，50天时间内（当地没有下雨）河水补给量为1.8万 m^3。平谷区境内沟河在海子水库到南独乐河一段，河水渗入地下变为干谷，在平谷城区附近才出露地表。

（3）山区侧向补给。西部和北部山区，植被、土层覆盖度差，有的岩石裸露地表，大气降水沿裂隙、节理、层理、岩溶等通道侧向径流补给平原地下水。

（4）灌溉渗漏补给包括渠道渗漏及田间回归补给。当农田灌溉时，渠道渗漏量是不可忽视的，特别是旱年渗漏更严重。

（5）人工补给。利用地表水、汛期洪水和工业污水（洁净的）注入砂、卵石坑，利用砂、卵石的自然渗漏补给地下水。现在永定河冲洪积扇顶部西黄材一带，利用砂、卵石坑进行人工补给试验成功，年补给量约2亿 m^3。

9.2.2 地下水排泄途径

（1）蒸发。蒸发量大小受气象、岩性、地下水埋藏深度等因素控制。松散岩层中埋藏浅的地下水在干旱的气候条件下，蒸发量也是相当可观的，根据估算北京市多年平均蒸发量约为1.5亿 m^3。

（2）开采。地下水是首都生活用水和工农业用水的重要水源。到目前为止，全市各类机井已大于42000眼，其中农业机井大于40000眼，自来水厂水源井和工业自备井大于2000眼。城市生活用水全部采用地下水，工业用水中地下水占其总量的20%左右，农业灌溉用水中地下水约占其总用量的38%。全市地下水年开采量约为24.9亿 m^3，平均每年超采约2亿 m^3。在城近郊区，地下水位逐年下降，自1959年以来地下水位下降了20m左右，最多的达40m。中华人民共和国成立前东直门、酒仙桥一带为自流水区，目前水位埋深已超过30m，每年平均下降1m左右。在集中开采的东郊工业区、自来水厂等地，由于水位急剧下降,形成许多大小不等的下降漏斗。目前这些漏斗已连成一片,降落漏斗范围已达 3000 余平方千米,该范围东部已接近通州和首都机场一带,南部至大兴区,北至清河以北,且仍在继续扩大。

(3)补给地表水。河流补给地下水,但在某些地段,地下水又出露地表补给河流,如大石河夏村以南成为常年有水的河。昌平区北沙河在地下水溢出带以下常年有水,年补给量 2.5 亿~3 亿 m³。密云水库 1974 年对天津市、河北省放水停止以后,顺义县城以北河床干涸,而在苏庄水文站能测到 7m³/s 的流量,显然是地下水补给河流的。沟河在南独乐河以下、温榆河、北运河、妫水河,均受地下水补给。

山区泉水多补给河流,成为河流、小溪的源头,如房山区的甘池泉、高庄泉是胡良河的源头。永定河的支流清水河,南北两侧注入的支沟;北沙河上源的众多支沟;怀沙河、怀九河上源的支沟;沟河南北两侧注入的数条石河;它们的源头都是泉水。泉水流量大者就是常年有水的河流。泉水流量小者只在雨季有水,就是季节性河流。

9.2.3 地下水流动特征

20 世纪 60 年代以前,北京市平原地区地下水开采程度很低,基本近于自然状态,第四系孔隙水的径流方向与地形地貌变化一致,即由山前向平原、由北西向南东流动。

北京市平原区第四系孔隙水径流方向基本与地貌变化方向一致,随含水层结构的变化而改变。孔隙水径流方向为北西向南东,由山前向冲洪积平原运移,由山前地带至冲洪积顶部—中部—下部,由河道上游至下游,径流强度逐渐减弱。山前地带地形变化较大,冲洪积扇顶部含水层为单一砂卵砾石结构、岩性粗大,径流条件好,水力坡度为 0.5‰ ~ 1.8‰;由冲洪积扇顶部向中部含水层逐步过渡为二到三层砂卵砾石层和多层砂砾石夹少量砂结构,地下水系统结构由统一潜水含水层变为潜水—微承压水和多层承压水含水层,颗粒由粗变细,水力坡度逐渐减小,径流变弱,水力坡度为 0.25‰ ~ 0.5‰。冲洪积扇下部含水层过渡为多层的砂层夹少量砂砾石含水层和多层的砂层结构,岩性变差、颗粒变细,地下水渗流逐步减弱,水力坡度在 0.1‰ ~ 0.2‰。

由于地下水的集中和超量开采,改变了其自然状态,潜水水位下降明显,并在部分地区形成降落漏斗,主要分布在城区东北、通州区城关、顺义城区东北、怀柔等地;承压水头大面积下降,形成区域性降落漏斗,主要分布在城区东部及东北、通州区西部及西北、顺义大部分地区和昌平东南等范围内,其中尤以顺义区最为严重。由于上述地下水降落漏斗的形成,第四系孔隙水的径流方向在漏斗分布区发生了明显变化,由原来依地形地貌而变化改为流向漏斗中心,但总趋势还是从北西向南东流动。2021 年末地下水埋深大于 10m 的面积为 4893km²;地下水降落漏斗(最高闭合等水位线水位 10m)面积 388km²,漏斗主要分布在朝阳区的黄港、长店-顺义区的米各庄一带。

北京市平原区地下水流场的演变与地下水集中和超量开采与地下水降落漏斗形成和演变密切相关。地下水资源的大规模开发利用，首先引起地下水系统水动力条件的变化，然后从局部水位下降到区域性水位下降，从形成单井水位降落漏斗发展到区域性水位降落漏斗。地下水位下降整个演变过程与地下水资源的开发过程、开采强度以及影响地下水动态的气象和地质因素密切相关（章树安等，2012）。

9.3 地下水资源与利用

北京市经历了多次地壳构造变动和地质演化，各时代的地层分布齐全。这些特点为北京市地下水的形成、储存、分布和运移创造了非常有利的条件。经过勘探，北京市地下水年平均补给量约为 40.57 亿 m^3，其中平原地区年补给量为 30 亿 m^3，可开采量为 25 亿 m^3（杨毓桐，2009）。地下水资源主要集中在永定河、潮白河两条大河的冲洪积扇上部地区，这些地区广泛沉积了砂砾卵石层，大气降水直接渗入补给，渗透性强，补给条件好，水量丰沛。

北京市地下含水层有分布广泛、相对集中等特点，决定了地下水调蓄具有独特性：①依赖性强，北京市供水中有 65% 来自于地下水，地下水调蓄对全市供水意义重大；②调蓄库容大，具有多年调节的能力，目前超采严重，"地下水库"有较大的空间容纳更多的水资源，可作为战略储备；③蒸发量小，水资源损失率低；④与地表水资源相比，地下水通过地层的过滤、吸附等作用可改善水质，水质较好；⑤在作为供水水源的同时还具有缓解和改善各种环境地质问题的功能，具有很高的生态效益（张福存等，2002）。

9.3.1 地下水资源利用情况

北京市地区曾经地下水丰富，凿井汲水饮用、灌溉的历史悠久。战国、西汉时就有陶井，到了东汉、隋、唐以后就出现了砖井，有的地方分布很密集，说明当时人们凿井取水普遍。

泉水是地下水的地表涌出形态。自古北京市以泉水多而著称，山区泉水遍布，据 1979～1980 年普查，全市能测到流量的泉水 1246 处，全年总水量约为 2 亿 m^3，金、元、明、清等朝代都是以泉水作为城市河湖及饮用水源（北京水利史志编辑委员会，1987）。中华人民共和国成立以后，随着经济发展、人口增加，地下水的取用量越来越大，地下水位下降，再加上连年干旱，上游来水减少，现在北京市大部分的泉水都已干涸。

1960 年、1965 年和 1972 年发生较大旱情，造成北京市水资源供需紧张。1972 年旱情尤为严重，全年降水量只有 445mm，水库蓄水锐减，官厅、密云两大水库供给农业的水量由 1971 年的 8.92 亿 m³，减少到 4.85 亿 m³，致使全市有 13.5 万 hm² 农田受灾，减产 2.5 亿 kg。从此北京市全面开采地下水，弥补地表水资源的短缺（北京市地方志编纂委员会，2000）。

1980~1982 年北京市地区连续三年出现干旱，春季地下水位持续下降，大部分河道干涸断流，播种困难，山区人畜饮水困难。1981 年 8 月，密云水库蓄水已在死水位以下，官厅水库死水位以上蓄水只剩 0.33 亿 m³，形势非常严峻，农业受到很大影响，工业和城市生活用水也非常紧张。20 世纪 80 年代中期，官厅、密云水库停止向农业供水后，原来依靠地表水的大中型灌区，逐渐失去地表水源供应，只能依靠抽取地下水灌溉，由此开启了北京市超采地下水的历史（朱晨东，2008）。2005 年以后，地下水开采量呈下降趋势，2021 年北京市地下水开采量仅为 13.9 亿 m³。

1993~1994 年北京市地区又出现连续两年干旱，因干旱少雨，地下水位持续下降，1993 年 6 月出现了历史最低水位。即使在汛后的 9 月底，地下水位仍比上年同期低 1.72m，全市 1 万眼机井出水不足，山区 10.5 万人和 1.7 万头大牲畜饮水发生困难（北京市地方志编纂委员会，2000）。

1999 年之后北京市连续 9 年干旱，用水告急情况接踵而至，地下水位以每年 1m 的速度持续急剧下降，北京市地下水提供水资源的能力也随之衰退。

9.3.2 地下水开采历史

北京市多年平均降水量为 585mm，年均降水总量折合水资源量 99.96 亿 m³，其中形成地表径流量为 21.98 亿 m³，地下水资源量为 26.33 亿 m³。1999~2008 年平均降水量为 473mm，平均地下水资源量为 16.81 亿 m³，仅为多年平均的 63.84%。

目前北京市城市供水的 65% 来源于地下水，全市每年开采地下水约为 26 亿 m³，而每年地下水补给量仅为 20 亿~22 亿 m³，平均每年超采 4 亿~6 亿 m³。30 余年来，北京市已累计超采地下水 80 亿 m³（焦志忠，2008）。2005 年以后，地下水开采量呈下降趋势，2021 年北京市地下水开采量仅为 13.9 亿 m³。

20 世纪 50 年代，北京市地下水开采较少，地下水的埋深很浅，东郊一带地下水的埋深只有 1m 左右（北京市地方志编纂委员会，2000）。

20 世纪 60 年代，北京市工业迅速发展，城市规模不断扩大，建设多座利用地下水的水厂、多眼工业自备井和农业井，此阶段，地下水采补基本平衡（颜昌远，1999）。

进入 20 世纪 70 年代以后，城市各行业发展迅速，城区供水矛盾越来越突出，全市年开采地下水 20 亿 m³，地下水位持续下降，全市地下水厂的供水能力降低为原来的 20%~

50%（颜昌远，1999）。

20 世纪 80 年代初，北京市出现连续 5 年（1980~1984 年）的干旱少雨天气，地下水补给量减少，开采量增加，出现最低水位；80 年代中期，由于降水量较大及水源八厂的投入使用，缓解了城近郊区的用水压力，地下水位略有回升；80 年代后期，地下水位持续下降，远郊区地下水集中开采区（如通州城关地区、顺义天竺地区、昌平沙河镇地区）水位下降最快，出现了地下水降落漏斗（北京市地方志编纂委员会，2000）。

20 世纪 90 年代，地下水开采量基本得到控制，1994~1998 年出现四个丰水年，地下水位较稳定，但在顺义、通州等地下水集中开采区承压水位仍在持续下降；90 年代后期至今，由于连年的干旱少雨，地下水位普遍下降，很多地方达到历史最低水位（北京市地方志编纂委员会，2000）。

进入 21 世纪，地下水位平均每年下降 1.3m。目前，全市平均地下水埋深 23m，与 20 世纪 60 年代相比，下降近 18m 之多。以朝阳区红庙一带为中心，形成了 2000km^2 的地下水超采"漏斗区"（焦志忠，2008）。

9.3.3　北京地下水源地开采

北京城市供水在中华人民共和国成立初期以地表水为主，伴随城市的发展，到 20 世纪 80 年代开始以地下水为主（刘明坤等，2016）。起步阶段，北京市地下水源地集中开采供给的历史开始于 1937 年，在东直门外凿井取水建成第一自来水厂，日供水量为 5 万 m^3，供水人口为 50 万人。1949 年 5 月安定门第二自来水厂建成投产，日供水能力达到 8.62 万 m^3。至 1949 年，北京市共有机井 123 眼，开采地下水 803 万 m^3。

规模开采阶段。中华人民共和国成立以后用水量急剧增加，开始了大规模的地下水开采。北京市城区 1956 年建成万泉寺第四自来水厂，1958 年建成花园村第三自来水厂，1959 年建成酒仙桥第五自来水厂，1964 年建成马家堡第七自来水厂，1973 年建成丰台自来水厂，1978 年建成南苑水厂，1979~1982 年建成牛栏山第八自来水厂。20 世纪 80 年代地下水开采规模达到 24.4 亿 m^3/a，地下水在城市供水中起到主导作用。

应急供水及河北调水阶段。1999 年开始北京市遭遇历史罕见连续枯水年份，地表水剧减。为缓解城市供水危机、保障供水安全，2001 年开始先后建设了怀柔、平谷、昌平马池口、房山张坊 4 个应急地下水源工程，增加日供水量 80 万 m^3/d。此外，自 2011 年 7 月，利用南水北调中线京石段总干渠，从岗南、黄壁庄、王快、安格庄 4 座大型水库，每年共调水 2.1 亿~2.8 亿 m^3 进京（贺国平等，2005）。

9.4 地下水动态变化特征

地下水位年内动态总体来讲，以降水入渗–开采型为主，即水位变化受降水和人工开采影响。一般 4～6 月降水较少，主要受开采影响，水位迅速下降；7～9 月降水集中，农业开采很少，地下水位上升；10～11 月降水减少，受农业秋冬开采影响，水位小幅下降；12 月至翌年 3 月，降水较少，农业基本不开采，水位变化不大（赵薇等，2004）。

9.4.1 潜水水位动态变化特征

北京市平原区潜水水位季节变化比较明显，在一个水文年内，有一次上升期和一次下降期，一般在每年的 5～6 月水位降到最低，7～9 月升到最高峰值。水位变化幅度总的规律是由山前冲洪积扇顶部向溢出带由大变小，又由溢出带向下游平原区由小变大。在集中开采区，如北京市西郊水源三厂、四厂等地，地下水位年内动态在反映补给的同时也反映地下水开采的影响，年最低水位出现在开采量最大的 7～8 月，年最高水位出现日期推迟到年底或来年 1～2 月，水位年变幅也较大，一般为 5～10m。

9.4.2 承压水位动态变化特征

本区第四系承压水分布在各冲洪积扇中下部的广大平原区，含水层层次较多，是平原区的主要开采层，因此人工开采是影响承压水位动态变化的最主要因素。

承压水位动态变化特征和人工开采用水有关，其动态变化与潜水的变化规律基本一致，只是承压水位动态变化比较缓慢，并在时间上滞后于潜水。在一个水文年内，也有一次上升期和一次下降期。在地下水开采较小量的地区，承压水年最低水位一般出现在 5～7 月，年最高水位出现在 8～10 月，年水位变化幅度较小，一般为 1～3m。在集中开采区，水位动态变化主要受人为开采控制，年最低水位出现在开采量最大的 7～8 月，年最高水位出现在 12 月，水位年变化幅度一般大于 5.0m，最大可超过 10.0m（图 9-2）。在开采的条件下，承压水位动态变化在反映其接受补给的同时也反映出受地下水开采的影响，不同深度承压含水层的动态还反映出各含水层之间的补排关系。

9.4.3 地下水埋深长期变化趋势

从北京市 1980 年以来地下水埋深变化来看（图 9-3），1980 年～1998 年末，地下水位

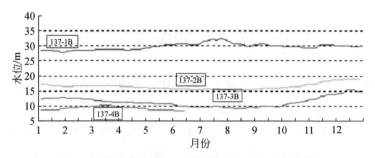

图 9-2　北京市东郊 137 号多层年内水位动态曲线

呈缓慢下降状态，地下水位下降了 4.64m；1998 年末至 2010 年末，随干旱程度加剧，水位下降了 13.04m，下降速度明显加快；2010 年末到 2015 年末，地下水位下降趋势明显减小，下降 0.83m，部分年份水位上升。2016 年、2017 年随南水进京后地下水开采量减小，地下水位呈逐年回升趋势，尤其是 2018 年和 2021 年，较上年年末分别回升了 2.35m 和 5.64m。

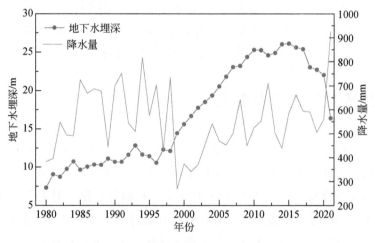

图 9-3　北京市历年平原区逐年年末平均地下水埋深变化

9.5　地下水储量变化及超采量

9.5.1　地下水储量变化与降水量关系分析

从北京市平原区地下水储量变化来看（图 9-4），20 世纪 70 年代以前，北京市平原区地下水基本处于均衡状态；70 年代开始出现超采，进入 80 年代降水减少，地下水储量逐年亏损；80年代中期到90年代进入动态平衡；1999~2010年地下水储量严重亏损，1999~2010年持续干旱期间造成的地下水储量减少约62亿 m³，占1960~2017年累计地下水储量减少量的56%；2016年、2017年江水进京后储量恢复4亿 m³。截至2017年底，与1960年相比地下水储量减少（亏空）约110亿 m³；2017年后地下水储量恢复明显，尤其是2021年，较上年恢复28.88亿 m³；截至2021年底，与1960年相比地下水储量减少（亏空）约66.90亿 m³。

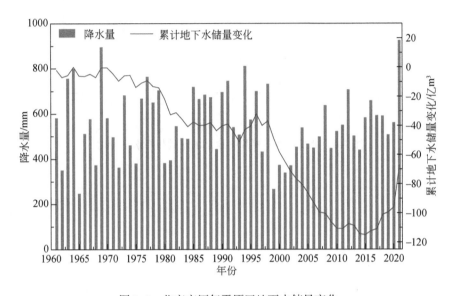

图9-4　北京市历年平原区地下水储量变化

地下水储量变化与降水量相关性分析表明（图9-5），地下水储量与降水量年际变化高度正相关（相关系数为0.89）。对北京市平原区地下水储量变化与平均降水量进行回归分析，不同阶段的储量变化和降水量呈线性相关，但不同阶段的地下水储量变化和降水量线性拟合关系不同。

9.5.2　地下水采补平衡点分析

根据地下水储量和降水量的线性关系，见图9-6，可以确定储量变化为0的点，即地下水采补平衡点。该平衡点对应的降水量为地下水开采与补给达到平衡时的降水量。当年降水量大于该点降水量时，地下水补给大于开采，地下水位回升，地下水储存量增加；当年降水量小于该点降水量时，地下水补给小于开采，地下水位下降，地下水储量减少。

由采补平衡点含义可知，其对应降水量与开采量有关。同一地区地下水开采量越大，采补平衡点降水量也越大。根据北京市平原区1980~1998年、1999~2011年、2012~

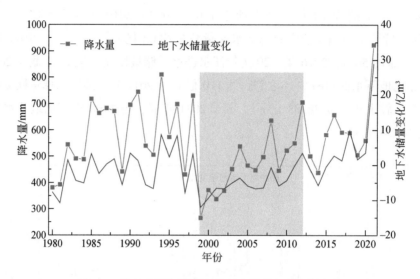

图 9-5　北京市历年平原区地下水储量与降水量变化

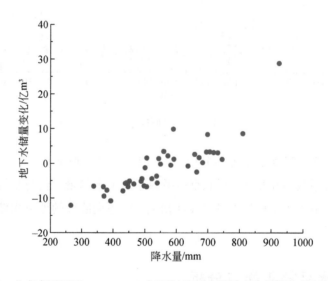

图 9-6　北京市平原区 1980 ~ 2021 年历年地下水储量变化与降水量相关关系

2017 年地下水储量变化和降水量分析计算不同地下水开采规模下的地下水采补平衡点，结果如图 9-7 所示。1980 ~ 1998 年采补平衡点降水量为 623mm，1999 ~ 2011 年采补平衡点降水量为 656mm，2012 ~ 2017 年采补平衡点降水量为 581mm。不同阶段的采补平衡点和降水量变化可以说明，1982 ~ 1998 年平均年降水量为 615mm，接近 1980 ~ 1998 年的采补平衡点降水量，地下水处于动态平衡。1999 ~ 2011 年北京市持续干旱期间，平均年降水量 455mm，比 1999 ~ 2011 年采补平衡点降水量少 200mm，地下水处于长期失衡状态，地下水储量持续亏损。2012～2017 年平均年降水量 580.5mm，与采补平衡点降水量一致，地下水进入动态平衡状态。可以看出，随着地下水开采量的阶段性变化，地下水进入动态平衡需要的降水量也随之变化，但降水量不能满足采补平衡点的降水量时，地下水处于失衡状态，造成地下水超采。

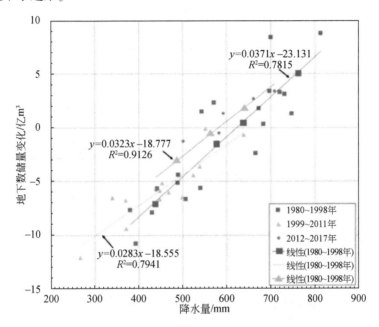

图 9-7　北京市平原区不同阶段地下水储量变化与降水量相关关系

9.6　北京平原区地下水流数值模型

地下水模型在地下水资源的开发与管理中起到至关重要的作用。随着计算机的普及与计算能力的快速增长及模型软件的广泛应用，地下水模型已成为许多水文地质专家成功地完成各项任务的标准工具（陆垂裕等，2022）。本研究中建立了北京市平原区地下水数值模型，模型范围如图 9-8 所示，主要用于分析北京市平原区地下水均衡分析并预测不同补水条件下的地下水恢复效果。

建立地下水流数值模型，进行地下水流数值模拟是目前进行地下水资源评价和研究由于地下水过量开采导致的环境地质问题中经常用到的方法。北京市平原区地下水流数值模型的模拟对象是第四系松散岩类孔隙水，建立北京市平原区地下水流数值模型，采用国际通用的地下水模拟软件 MODFLOW，以 GMS（groundwater modeling system）作为模拟可视化平台。GMS 中的 MODFLOW 和 FEMWATER 都可以用于地下水流模拟，MODFLOW 是基于有限差分法建立的模型，而 FEMWATER 则是基于有限单元法建立的模型，相比较而言，

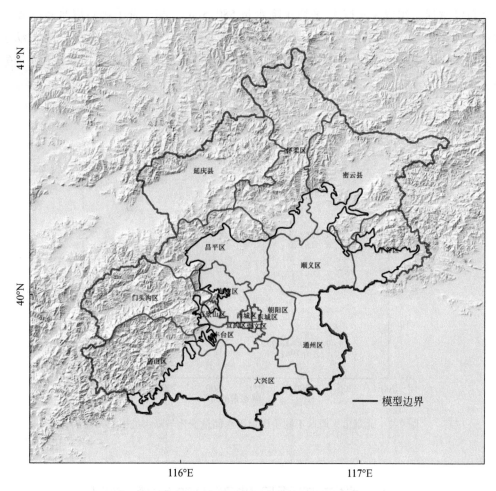

图 9-8　北京市平原区地下水流数值模型范围

MODFLOW 在边界处理、含水层划分、参数赋值等方面具有明显的优势，所以本次模拟采用 MODFLOW。GMS 建立地下水流模型有两种方法：一种为网格法，一种为概念模型法。由于研究区的范围大、含水层结构复杂，需通过对现有的资料和图件分析，采用概念模型的方法建立北京市地下水流数值模型。

9.6.1　水文地质概念模型

1. 含水层结构概化

北京市平原区地下水主要赋存于第四系含水层，第四系沉积物的分布主要受区域地质条件和构造、气候变化、人类活动、河流作用等诸多因素影响。第四系含水层的分布主要特征有以下几方面：

（1）第四系含水层厚度主要呈东厚西薄分布，由西向东逐渐加厚，因为华北平原主要由西向东冲积而成，天然地下水流动也主要为由西向东方流动。但含水层厚度局部变化显著，主要受古地形及地质构造影响。大部分地区含水层厚度变化均匀，厚度由20m逐渐增加至100m左右，而中部局部地区厚度可达300m以上。同样分布趋势在南北方向也有显现，含水层厚度主要呈南厚北薄的分布趋势，但中部局部地区有较为显著的厚层分布。

（2）冲洪积层受永定河的河流作用控制明显。在北京市平原区西部永定河流域，第四系含水层厚度较薄，在永定河丰台以南区域第四系厚度较大。一般情况下，河流作用的时间长短和河流冲积的频繁程度对含水层的影响因地而异，直接影响了含水层的厚度、沉积颗粒物的类型和粗细分布。除山前区域形成的宽度不等的坡积、坡积—洪积层外，广大平原均以冲洪积相为主。冲洪积层沿永定河流向由西向东，含水层受冲积作用影响逐渐由粗变细，层次由少变多。北京市平原区永定河西部地区主要为单一砂卵砾石层，而发展至东郊地区岩性以砂砾石与黏性土互层，渐变为以黏性土为主，且逐渐呈现多层化，有单层含水层逐渐增加至可数层，最多可达数十层。

总体而言，北京市平原区自西向东、自北向南含水层厚度逐渐增大，层数逐渐增多，地质条件逐渐呈现由简单到复杂的变化趋势。含水层沉积颗粒沿着沉积河流流向逐渐由粗变细，分布逐渐致密。

通过前面第四系水文地质条件的分析，结合前人的认识，将北京市平原区含水层系统划分为3层，第1层代表潜水含水层，第2层为弱透水层，第3层为承压含水层。

2. 边界条件概化

北京市平原区地下水流数值模型的研究范围是第四纪地层中的含水层，平原区第四系厚度起伏变化较大，东南地区最大达700m以上；而西部局部地区第四系厚度一般只有20~60m；概念模型区的基底是第四纪以前的地层，除了局部地区具有顶托补给外，基本上与第四系含水层之间水力联系较小，相对隔水，概化为隔水底板。

1）侧向边界条件

根据研究区范围以及水文地质条件，模型的侧向边界性质分为两种（图9-9）：一是西、北和东三面的山区和平原区的自然边界；二是南、东面平原区和河北省接壤的行政区边界。

研究区在山前接受地理分水岭范围内的山区降水入渗补给，其补给范围在数千米到十几千米，补给路径较长，山区基岩含水层透水性差，降水入渗后一般要经数年才能达到平原区，这样就使得其年际变化较小。由此，平原区和山区的边界作为指定流量边界，每年

图 9-9　北京市平原区地下水流数值模型边界条件

的流入量被设定为定值。研究区的下游边界为北京市与河北省的行政分界，该边界被概化为通用水头边界，其边界水位根据华北区域地下水流数值模型计算的水位分布并在模型识别过程中进行调整。

2）垂向边界

研究区的顶部边界为潜水含水层的自由水面，通过该边界，地下水系统与外界产生水量交换，如接受大气降水入渗补给、农田灌溉回归补给、河渠渗漏补给和蒸发排泄等。研究区的底部边界为第四系含水层的底部，大多数为透水性差的第三系地层，与第四系含水层之间的水力联系较弱，概化为隔水边界。

3. 水文地质参数

北京市平原区含水层在空间上表现为非均质各向异性。主要的水文地质参数为渗透系数，给水度和储水系数。水文地质参数在参数分区内可作为均质的。参数分区参照地貌单元、沉积类型和地层岩性等进行划分。各区的参数初始值根据抽水试验、沉积类型和地层岩性等特征进行估值，同时参照以往区域模型参数值。垂向渗透系数一般取水平渗透系数值的十分之一。模型校正时主要调整渗透系数、给水度和储水系数值。工作区内既有单一的潜水含水层，又有多层结构的含水层，因此，刻画这种不同结构含水层的水文地质参数存在差异：对于单一的潜水含水层而言，各模型层依然是实际的含水层，含水层和弱透水层参数相同，而对于多层含水层来说，模型层分实际含水层和相对隔水的弱透水层，其参数存在差别。

4. 源汇项的处理

模型中的源汇项包括补给项和排泄项,前者一般包括大气降水入渗补给、山区侧向径流补给、河流渠道入渗补给和农田灌溉回归补给等,后者一般包括人工开采、潜水蒸发、河流溢出和侧向流出等。

1) 补给项

(1) 大气降水入渗补给。大气降水入渗补给是北京市平原区第四系地下水的最主要补给来源,降水强度、地形、包气带岩性和地下水埋深以及植被种类和分布、城区建筑覆盖程度等方面因素,都不同程度地影响着大气降水入渗补给。北京市平原区地形较为平坦,降水产流较小,具有良好的入渗条件。从地域上看,西、北部山前地带的冲洪积扇顶部包气带和含水层的颗粒较粗,大气降水入渗条件好;向东南方向包气带岩性颗粒变细,大气降水入渗条件有所减弱。

(2) 农田灌溉回归补给。田间灌溉入渗量包括地表水和地下水灌溉入渗量,它受地下水埋深、包气带岩性、灌溉水量大小以及灌溉方式等因素的控制。

(3) 河流渠道入渗补给。渠道渗漏量取决于渠道沿途的岩性及防渗衬砌结构、放水量大小以及放水方式等。研究区内主要河流和渠道主要有:永定河、潮白河、大石河、拒马河、京密引水渠、潮河灌渠以及永定河引水渠等。大气降水入渗补给和农田灌溉回归补给属于面状补给,其分布和土地利用部分有关。建设和工业用地降水补给按照入渗系数计算,农业区的降水入渗补给和回归补给使用 SALUS 模型计算,河流渠道入渗补给变化按照降雨变化进行动态分配。

(4) 山区侧向径流补给。平原西部的西山和北部的燕山山区与平原交界的地区,为山前丘陵地带,相对高度不超过 200m,主要由碳酸盐岩、砂砾岩、页岩及火成岩组成。第四系砂卵石与山区基岩直接接触,平原区第四系孔隙水系统直接接受大量的山区基岩裂隙水系统和山前岩溶水系统地下水的侧向径流补给,并且在局部地带,接受山前岩溶水系统中隐伏岩溶水的顶托补给。

2) 排泄项

(1) 人工开采。人工开采是平原区地下水的主要排泄方式。北京市地区的地下水开采井主要包括集中供水水源地开采井、工业生活自备井和农业分散开采井。人工开采井属于点状排泄,开采井位置根据土地利用分布,根据农业开采量、工业生活开采量分配到各开采井,利用 MODFLOW 中井程序包进行模拟。

(2) 潜水蒸发。潜水通过包气带土层的毛细作用和植物蒸腾作用向大气蒸发,其蒸发量与包气带岩性、潜水水位埋深、空气饱和度和水面蒸发量等因素密切相关,其中与潜水水位埋深的关系最为密切,一般来说,潜水蒸发量随潜水水位埋深的增大而减少。潜水蒸发利用蒸发程序包进行模拟。

（3）侧向流出。研究区的东部和南部是与河北省的行政分界，如前所述，该边界设定为通用水头边界，包含侧向的流出。

9.6.2　地下水流数值模型

1. 地下水流数学模型

根据上述的水文地质概念模型，将研究区的地下水系统概化为三维非均质各向异性的非稳定流地下水模型，可以建立相对应的地下水流数学模型，计算承压含水层储水率：

$$\begin{cases} S_s \dfrac{\partial h}{\partial t} = \dfrac{\partial}{\partial x}\left(K_{xx}\dfrac{\partial h}{\partial x}\right) + \dfrac{\partial}{\partial y}\left(K_{yy}\dfrac{\partial h}{\partial y}\right) + \dfrac{\partial}{\partial z}\left(K_{zz}\dfrac{\partial h}{\partial z}\right) + W & x,\ y,\ z \in \Omega,\ t \geq 0 \\[2mm] \mu \dfrac{\partial h}{\partial t} = K_x\left(\dfrac{\partial h}{\partial x}\right)^2 + K_y\left(\dfrac{\partial h}{\partial y}\right)^2 + K_z\left(\dfrac{\partial h}{\partial z}\right)^2 + P & x,\ y,\ z \in \Gamma_0,\ t \geq 0 \\[2mm] h\ (x,\ y,\ z,\ t)\ \big|_{t=0} = h_0 & x,\ y,\ z \in \Omega,\ t \geq 0 \\[2mm] \dfrac{\partial h}{\partial \vec{n}}\bigg|_{\Gamma_1} = 0 & x,\ y,\ z \in \Gamma_1,\ t \geq 0 \\[2mm] K_n \dfrac{\partial h}{\partial \vec{n}}\bigg|_{\Gamma_2} = q\ (x,\ y,\ z,\ t) & x,\ y,\ z \in \Gamma_2,\ t \geq 0 \end{cases}$$

式中，Ω 为渗流区域；h 为含水层的水位标高，m；K_x、K_y、K_z 分别为 x，y，z 方向的渗透系数，m/d；K_n 为边界面法线方向的渗透系数，m/d；S_s 为承压含水层的储水率，1/m；μ 为潜水含水层给水度；W 为承压含水层的源汇项，m/d；P 为潜水面的蒸发和补给等，m/d；h_0 为含水层的初始水位，m；Γ_0 为渗流区域的上边界，即潜水面；Γ_1 为渗流区域的隔水边界；Γ_2 为渗流区域的流量边界；$\vec{n}$ 为边界面的法线方向；$q(x,\ y,\ z,\ t)$ 为含水层二类边界的单宽流量，m³/d·m，流入为正，流出为负，隔水边界为0。

数学模型的求解方法主要有解析法和数值法。利用解析法求解数学模型是需要进行大量的简化和假设，对于复杂条件下的地下水运动模型的计算精度是很难保证的，所以解析法一般只适用于水文地质条件较为简单的数学模型；对于大多数复杂条件下的地下水问题都需要利用数值法来解决，最常用的数值法有有限差分法和有限单元法。本研究采用MODFLOW 软件，运用有限差分法对上述数学模型进行求解。

2. 数值模型网格剖分

将研究区域剖分为 1km×1km 的均匀网格，共划分为 127 列和 114 行，3 层。GMS 将位于研究区边界内的所有单元格作为有效单元格参与数值计算，并自动将模型边界以外的

单元格处理成无效单元格，不参与模型数值计算，本研究区内共有 11149 个有效单元格
（图 9-10）。

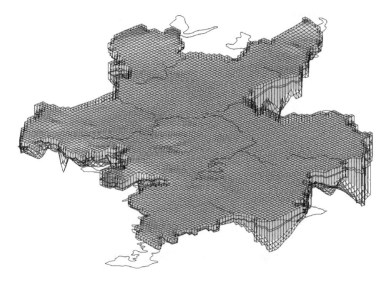

图 9-10　北京市平原区地下水模型网格剖分

3. 模拟时间和初始流场

在北京市平原区水文地质条件、补径排特征以及地下水资源与水位动态变化分析的基
础上建立了北京市平原区非稳定流数值模型，模拟时段为 1993 ~ 2017 年，每年作为一个
应力期，各应力期内的模型均衡项保持恒定，根据北京市平原区平均地下水埋深和地下水
储量变化对模型中地下水补给量进行了识别。

4. 地下水补给和排泄量

在补给量的确定上，大气降水入渗补给利用 1993 ~ 2017 年的实测大气降水值乘以当
地的大气降水入渗系数获得。河流的渗漏补给量和山区侧向补给地下水量参考北京市历年
地下水资源评价的平均值，按照当年降水量的比例进行分配。地下水开采量最难获取，根
据水资源公报中的地下水开采量数据，根据土地利用分布进行空间分配。

5. 模型校准与验证

在模型的校准阶段，采用"试错法"对水流模型进行校准，主要通过对模型中的给水
度和储水系数进行适当的调整，使得观测孔的计算水位和实测水位拟合程度不断提高，从
而使建立的模型能够更为准确地反映研究区的水文地质条件。由于影响地下水位的主要是
开采量和补给量的时空变化，而开采量的空间分布难以可靠获取，本研究对模型的校准和

验证主要采用北京市平原区的平均地下水埋深和储量变化（图9-11和图9-12）。

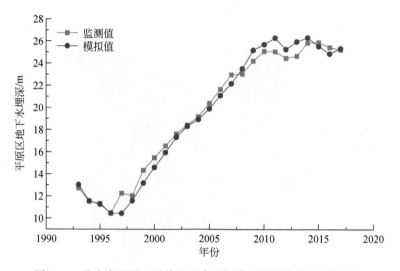

图9-11　北京市平原区平均地下水埋深模型计算值与监测值对比

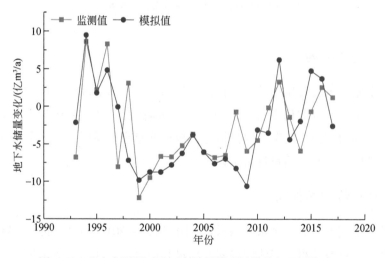

图9-12　北京市平原区地下水储量模型计算值与监测值对比

6. 地下水均衡分析

地下水系统的均衡要素是指其补给项和排泄项，它们之间的均衡性决定了地下水系统可持续发展的状况。如果出现了负均衡，则说明系统的补给量小于排泄量，那么必然会消耗地下水含水层系统的储存量，也就会导致地下水储存量的减少和水位的下降；反之，若出现正均衡，则说明系统的补给量大于排泄量，地下水含水层系统则会增加储存量，地下水位自然就跟着上升了。

北京市平原区 20 世纪 80 年代至 1999 年以前，地下水储量基本呈平稳波动状态，说明地下水系统处于一个动态平衡状态，地下水补给量与排泄量基本一致。1999～2011 年由于北京市处于连续的干旱年，地下水补给量多年低于地下水开采量，造成了地下水储存量的持续减少，地下水系统处于长期失衡状态。1996 年、1998 年、2008 年和 2012 年由于为丰水年，储存量明显增加。

9.7　地下水位恢复回补需水量

9.7.1　北京市地下水位恢复需水量评估

2012～2017 年北京市平均降水量为 580.5mm，与 2012～2017 年平衡点降水量（581mm）一致，说明 2012～2017 年地下水基本处于动态平衡阶段。北京市 1985～1998 年地下水处于动态平衡时的平均埋深为 10.93m，1999 年平均地下水埋深为 14.21m。要恢复到 20 世纪 90 年代的动态平衡状态，要靠外调水填补连续干旱造成的 62 亿 m³ 的地下水储量亏损。将北京 90 年代的地下水位作为 2035 年恢复目标，在 580mm 年降水量情况下，年均地下水回补量需 3.4 亿 m³。将北京市 80 年代的地下水位状态作为 2050 年恢复目标，在 580mm 年降水量情况下，年均地下水回补量需 3.3 亿 m³。考虑到未来降水变化对地下水补给量的影响，模拟分析北京市多年平均降水量（569mm，根据第三次水资源评价成果）情况下的地下水回补需水量。

9.7.2　不同情境下地下水位恢复预测分析

北京市 2016 年末平均地下水埋深 25.23m，与 2015 年末相比回升 0.52m；2017 年末平均地下水埋深 24.97m，比 2016 年末上升 0.26m。除南水北调回补、地下水开采量减少外，降水量增加是重要因素。北京市 1956～1999 多年平均降水量为 585mm，2016 年、2017 年北京市降水量分别为 660mm 和 590mm。2016 年降水量增加是地下水位恢复的重要原因。地下水位的恢复首先要填补连续干旱造成的地下水储量损失。

模型预测分析主要考虑现状开采（16.6 亿 m³）和平水条件（年均降水量 569mm）下，有无额外地下水回补的地下水位恢复情况。模型预测分析阶段为 2018～2050 年，用于模拟分析不同地下水开采和补给情景下的地下水位恢复情况。预测阶段补给量变化将 1999 年大旱前 33 年的降水量序列调和为年均降水量 569mm 序列后进行预估。

情景 1：现状开采（16.6 亿 m³）+平水条件（年均降水量 569mm）。

情景 1 模拟北京市无新增水源情况下，将来在平水条件下维持现状开采状况下的地下水位变化情况。模拟显示地下水位长期来看处于动态平衡状态，回升不明显，如遇降水量较小年份，地下水位仍可能出现下降（图 9-13）。

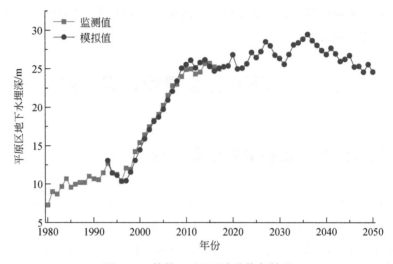

图 9-13　情景 1 下地下水位恢复情况

情景 1 条件下，采补平衡点降水量为 566mm（图 9-14），明显低于 1980~1998 年采补平衡点（623mm）和 1999~2011 年采补平衡点（656mm），说明在随开采量的减小，采补平衡点降水量也随之减小。预测的水位恢复情况说明，在维持现状开采无新增水源情况下，在有保证降水条件下，地下水位回升潜力非常有限。

情景 2：现状开采+平水条件+年均回补 4.2 亿 m³。

情景 2 模拟北京市利用新增水源回补地下水或继续减采地下水情况下，将来在平水条件下地下水位变化情况。模拟显示年均回补或减采地下水 4.2 亿 m³ 状况下，地下水位平均回升速率 0.5m/a，2050 年能回升至 20 世纪 80 年代水位状态，平原区平均埋深恢复至 7.85m（图 9-15）。

情景 2 条件下，采补平衡点降水量为 498mm（图 9-16），比情景 1 近一步减小。说明要提高地下水位恢复的可能性或者降水保证率，引入新增水源进一步降低北京市地下水开采量或者增大地下水回补量是非常必要的。

9.7.3　地下水位恢复回补需水量

根据上述模型地下水位变化情景分析结果，平原区地下水年均回补 4.2 亿 m³ 情景下，平原区地下水位 2050 年能够恢复到 20 世纪 80 年代水位状态。上述模型仅包括平原区的

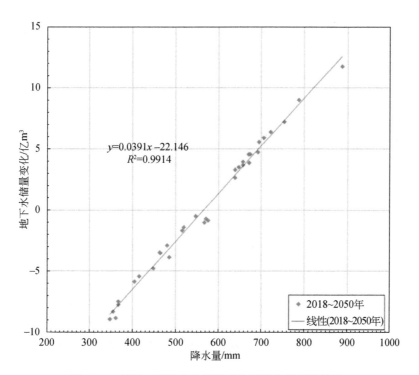

图9-14 情景1下地下水储量变化与降水量相关关系

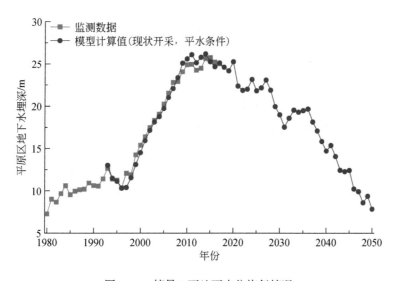

图9-15 情景2下地下水位恢复情况

第四系含水层地下水开采，另外，北京市西山岩溶水系统也是城市重要供水水源，奥陶系岩溶水多年平均开采量为 1.2 亿 m³，岩溶水多年持续开采造成岩溶地下水位下降，导致玉泉山泉断流。泉水断流的原因是泉水所处含水层地下水位低于泉水出露高程，恢复泉水

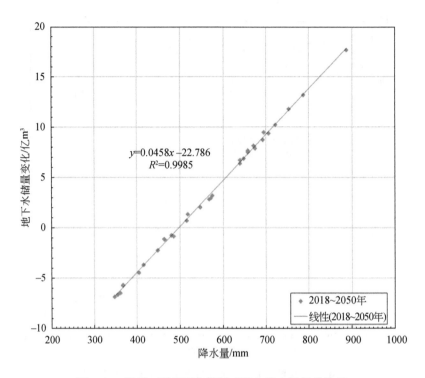

图 9-16　情景 2 下地下水储量变化与降水量相关关系

和恢复地下水位目标是一致的。根据首都师范大学宫辉力研究团队对玉泉山泉恢复研究成果（王莉蛟等，2016），在停采海淀区山前第四系地下水和岩溶自备井，西郊岩溶地下水开采量压减 7008 万 m^3/a，利用永定河道回补地下水 2 亿 m^3/a 分析情景下，可实现 2035 年玉泉山泉水复涌。据此测算实现泉水复涌的岩溶水总回补量（包括开采压减和人工回补量）为 40.5 亿 m^3，长期目标 2050 年恢复西郊岩溶地下水位的年均岩溶水回补量约为 1.3 亿 m^3。综合平原区地下水位恢复所需回补量和西郊岩溶地下水恢复所需回补量，北京市平原区和西郊岩溶水合计年均回补 5.5 亿 m^3 的情景下，北京市平原区地下水 2050 年恢复至 20 世纪 80 年代初水位状态，西郊岩溶地下水位也能抬升并恢复泉水。

第10章 北京水资源配置模型构建及供需平衡分析

10.1 水资源承载配置思路与原则

10.1.1 水源配置原则

（1）以水定城、以水定地、以水定人、以水定产。将水资源承载能力作为区域发展、城市建设和产业布局的重要条件，严格控制发展高耗水产业和项目，强化水资源需求管理，以水资源可持续利用保障经济社会的可持续发展（杨舒媛等，2016）。

（2）节水优先、科学开源。全面建设节水型社会，大力推进各行业节水工程和技术建设，不断提高水资源利用效率和效益，在此基础上，逐步加大再生水等非常规水资源利用，充分利用外调水分水指标，积极推进地下水压采，实现多种水源的科学开发利用，形成多源互补的保障体系。

（3）满足水资源管理要求。主要包括满足北京市最严格水资源管理制度关于用水总量和地下水用水总量控制的要求，符合《水污染防治行动计划》关于再生水利用的相关要求。

（4）用足外调水、控采地下水、用活再生水。充分利用外调水通水的有利条件；控采本地地下水，除农业及农村生活外，退出日常供水；结合产业布局、再生水厂分布，考虑不同产业水质要求，用活再生水。

（5）优水优用、分质供水。外调优质水源，优先满足生活用水，其次供给水质要求较高的工业；水质较差的本区水源供给农业、工业；地下水源主要供给农业、农村生活；再生水主要供给城镇生态环境、水质要求较低的工业。

10.1.2 水资源配置思路

（1）符合国家要求，落实"节水优先"战略，实现最严格水资源管理目标。

（2）保障发展需求，适应经济社会发展的需求。

（3）履行保水职责，水源保护工作全方位加强，生态建设走在全国前列。

（4）发挥引导作用，坚持以水定城、以水定地、以水定人、以水定产。

（5）统筹水源用户，统筹水源用户、效益成本、近期远期，分质配水。

（6）考虑丰枯遭遇，保障本地水丰枯遭遇情境下的配置安全。

10.1.3 水源配水策略

（1）优先利用南水北调水，用于城乡生活和生产，兼顾景观环境。

（2）合理开发地表水，用于城镇生活、生态环境以及部分农业。

（3）严格控制地下水，在其他水源不能满足的情况下使用地下水。

（4）充分利用再生水，深处理再生水主要用于工业、市政杂用和生态。

（5）优先保障经济社会和基本生态用水，生态环境景观配水。

10.1.4 水源配水规则

从生活、生产和生态用水角度考虑，应优先保障居民生活，其次考虑生产生态；在生产用水领域，应优先考虑用水效益高的工业用水，其次考虑农业用水（表10-1）。

表 10-1　水源配水规则

优先顺序	用水结构	1	2	3
1	生活用水	南水北调水	地下水	地表水
2	工业用水	再生水	南水北调水	地表水
3	生态用水	再生水	南水北调水	地表水
4	农业用水	再生水	地下水	地表水

10.2　多水源配置格局与目标

在节约用水、当地水资源和外调水挖潜分析的基础上，进行不同水平年水资源供需平衡分析。在提出保障经济社会发展的水资源供需分析方案的基础上，以北京市一屏、三环、五河、九楔绿色生态空间修复的适宜生态需水为基本框架，面向北京市和谐宜居之都水资源安全保障标准，进行不同水平年水资源供需平衡分析。

10.3 北京水资源配置模型构建

10.3.1 模型构架

本研究基于二元水循环的理论及调控体系，开发了区域水资源承载力评估模型（WAS-C 模型），见图 10-1，该模型可分解为六大模块，分别为分布式水循环模拟模块、非常规水计算模块、水资源供需平衡配置模块、水资源优化决策模块、用户需水计算模块、水资源承载力评估模块。

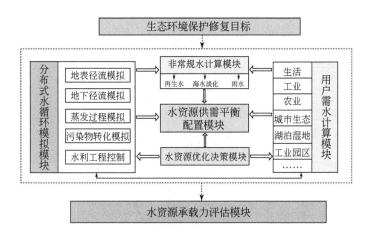

图 10-1 区域水资源承载力评估模型结构示意图

模型的功能：模型在生态环境保护恢复等约束边界条件下，基于水循环的多水源多用户水资源优化调配，结合区域水资源本底情况和最严格水资源红线要求，提出适应性的水资源优化调控方案，得到相应的水量承载力和水质承载力，最后给出区域的水资源承载力阈值。

模型数据传输和运算过程：模型可以实现地表水和地下水、天然水循环和人工水循环联合模拟，模型中的各模拟模块是实时反馈、相互影响的关系。首先通过水循环模块模拟区域的水资源变化，然后根据生态环境保护目标及配置策略进行水资源优化配置，并将人工取-用-耗-排水数据反馈给水循环模块进行实时模拟下一时段的区域的水资源变化，以此往复，直到计算结束，最后提出最终优化方案和水资源承载力阈值。

10.3.2　模型计算流程

　　模型的程序设计遵循模块化的原则，以利于模型的应用、修订及升级。模型由前处理模块、模拟计算模块和后处理模块三大部分组成。模型的程序设计框图和模型的计算模块程序流程如图 10-2 所示。

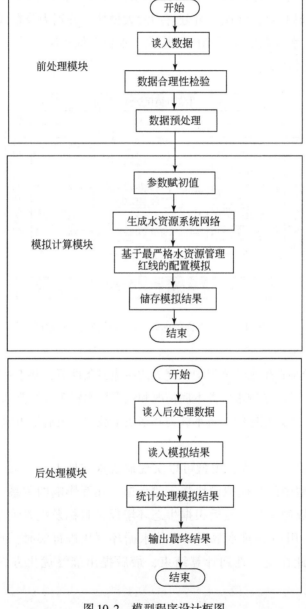

图 10-2　模型程序设计框图

（1）模型的输入数据包括：①需水，城镇生活、农村生活、农业、工业的需水；②工程参数，各个地区的供水工程特征参数（库容、供水能力）；调水工程参数（调水量、分水比）；③供用水拓扑关系，供水工程–用水户供水关系、供水工程–供水工程的弃水关系、用水户–用水户的弃水关系、行业节水或退水的转移对象关系；④其他，污水处理率、污水回用率等。

（2）模型的中间计算成果包括：各种水源向各用水部门的供水量、各用水部门缺水量、各种水源的盈余情况等。

（3）模型的输出数据包括：可以统计出所需要的各种供水量、供水过程、缺水量、缺水率等指标，为详细的供需平衡和承载力分析提供基础。

10.3.3　计算单元与水资源系统网络

北京市水资源配置模型是由供水节点和需水节点以及对应的输送关系组成的网状结构。根据地理位置和行政区划将需水用户分为 11 个区域，分别是城六区（包括东城、西城、朝阳、海淀、丰台、石景山，由于供水管网接近 100% 的覆盖率概化成为一个），门头沟区，房山区，通州区，顺义区，昌平区，大兴区，平谷区，怀柔区，密云区和延庆区。并将各区域细分生活、工业、农业及生态用户，同时将永定河、潮白河、北运河"三河"生态需水量作为单独需水用户，合计有 47 个用户，如图 10-3 所示。

10.4　可供水量分析

可供水量分析数据参考北京"十三五"时期水资源保护与利用规划。

10.4.1　本地地表水

本地地表水可供水量主要包括大、中、小型水库等。考虑近十几年北京市整体偏旱，按照不利情况考虑地表水可供水量，选取北京市 2003～2017 年地表水供水量平均值 5.4 亿 m^3 作为本次规划地表水可供水量基准值，如图 10-4 所示，根据北京市"十三五"规划，枯水期北京市地表水可供水量为 3.8 亿 m^3。

10.4.2　本地地下水

北京市多年平均地下水可开采量为 24.0 亿 m^3，在近期枯水年条件下全市地下水可开

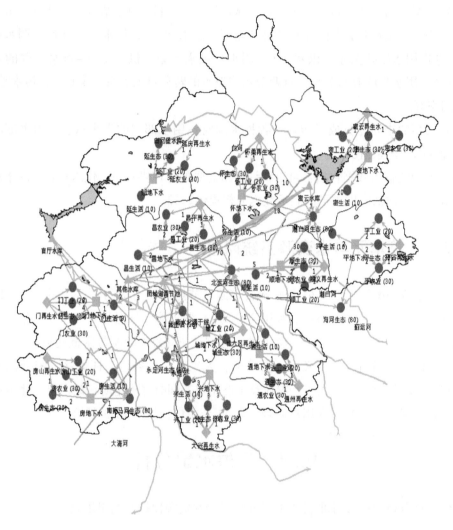

图 10-3　北京市水资源配置系统网络图

采量为 17.0 亿 m³，比多年平均衰减 29%。

　　考虑地下水超采严重，储存水量亏损，近期地下水以丰补欠作用难以发挥，按照不利情况做好水资源补给准备，规划 2020 年地下水可供水量取用近期枯水年条件下的可供水量成果。

　　根据第四章北京市地下水系统恢复计算结果，可知为达到北京市地下水位恢复目标，西郊区与平原区年均地下水回补量需 5.5 亿 m³，同时考虑不同生态目标下通过河道渗漏会回补一定量地下水，因此地下水实际可开采量在生态修复目标初步修复、景观良好、生态健康下分别为 12.66 亿 m³、13.29 亿 m³ 与 13.66 亿 m³。

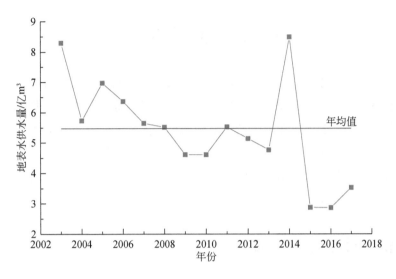

图 10-4　北京市 2003～2017 年地表水供水量

10.4.3　再生水利用量

根据"十三五"规划成果以及全市生活、工业需水量，对于基准情景、发展情景 1 与发展情景 2 下全市可利用再生水量分别为 12 亿 m³、13.05 亿 m³ 以及 15.65 亿 m³。

10.4.4　南水北调中线外调水

根据水利部长江水利委员会 2002 年 6 月完成的《南水北调中线一期工程项目建议书》成果，中线一期多年平均北调水量为 95 亿 m³，考虑损失后，净供水量为 85 亿 m³，其中北京市多年平均配水量为 12.38 亿 m³，入境水量为 10.52 亿 m³。

根据长江水利委员会 2005 年编制完成的《南水北调中线一期工程可行性研究总报告》，中线一期工程 75% 保证率调出水量为 86.39 亿 m³，特枯年份 95% 保证率调出水量为 62 亿 m³。枯水年中线调水量在各省（直辖市）水量分配尚未明确，若按照中线一期工程多年平均各省（直辖市）调水量分配比例测算，75% 保证率北京市分水量陶岔口约为 11.2 亿 m³，北京口门约为 9.5 亿 m³；95% 保证率北京市分水量陶岔口门约为 8 亿 m³，北京市口门约为 6.8 亿 m³。

故南水北调中线一期北京市口门采用水量多年平均为 10.5 亿 m³，枯水期为 9.5 亿 m³。

10.5 方案设置

在设置方案时，应考虑以下三个方面的基本内容：首先是以现状为基础，包括现状用水结构和用水水平、供水结构和工程布局、现状生态格局等；其次，参照各类规划，包括区域经济社会发展、生态环境保护、产业结构调整、水利工程及节水治污等规划；最后要充分考虑外调水因子、地下水因子、非常规供水因子等。

根据北京市水资源现状，结合不同水平年的相关规划，本次综合规划与管理的方案从供水、用水两方面进行设置。

10.5.1 供水因子方案设置

供水方案因子涵盖了地表水、地下水、再生水、南水北调中线供水、海水淡化与南水北调东线供水。其中将海水淡化和南水北调东线作为最后供水因子，用于填补其他供水无法满足需水需求时出现的缺口。

10.5.2 用水因子方案设置

用水方案因子包括生活用水、工业用水、农业用水、生态用水以及河流干流生态补水。其中生活用水根据人口发展情景设定基准情景、发展情景1和发展情景2，工业用水、农业用水设定一个方案；生态用水以及干流河流生态补水设定初步修复、景观良好和生态健康三个方案。

10.5.3 方案设置说明

将上述因子按照不同的可能水平进行组合，得到初始配置方案的初始集。进一步考虑合理配置方案的非劣特性，采用人机交互的方式排除初始方案集中代表性不够和明显较差的方案，得到水资源水环境综合规划方案集。最终得到9套方案，各方案的设置情况见表10-2。

表 10-2　水资源综合配置方案设置

水平年	情景设置	方案代码								
		F1	F2	F3	F4	F5	F6	F7	F8	F9
平水年	生活需水	基准情景	基准情景	基准情景	发展情景1	发展情景1	发展情景1	发展情景2	发展情景2	发展情景2
	工业需水	√	√	√	√	√	√	√	√	√
	农业需水	√	√	√	√	√	√	√	√	√
	生态需水	初步修复	景观良好	生态健康	初步修复	景观良好	生态健康	初步修复	景观良好	生态健康
	地表水	√	√	√	√	√	√	√	√	√
	地下水	√	√	√	√	√	√	√	√	√
	再生水	√	√	√	√	√	√	√	√	√
	南水北调中线	√	√	√	√	√	√	√	√	√
枯水年	生活需水	基准情景	基准情景	基准情景	发展情景1	发展情景1	发展情景1	发展情景2	发展情景2	发展情景2
	工业需水	√	√	√	√	√	√	√	√	√
	农业需水	√	√	√	√	√	√	√	√	√
	生态需水	初步修复	景观良好	生态健康	初步修复	景观良好	生态健康	初步修复	景观良好	生态健康
	地表水	√	√	√	√	√	√	√	√	√
	地下水	√	√	√	√	√	√	√	√	√
	再生水	√	√	√	√	√	√	√	√	√
	南水北调中线	√	√	√	√	√	√	√	√	√

注：√表示生效的因子，生活用水设有基准情景、发展情景1和发展情景2，生态用水设有初步修复、景观良好和生态健康。

10.5.4　主要方案具体情况

生活用水、工业用水、农业用水、生态用水，需水量划分为生活需水、工业需水、农业需水、生态需水。

（1）平水年方案 F1：在现状年基础上，采用可供水分析平水年地表水、地下水、南水北调中线供水，再生水可利用量；生活需水采用基准情景，工业、农业需水采用需水预测结果，生态需水采用初步修复方案。

（2）平水年方案 F2：与平水年方案 F1 相比，生态需水采用景观良好方案，其他因子均不发生变化。

（3）平水年方案 F3：与平水年方案 F1 相比，生态需水采用生态健康方案，其他因子均不发生变化。

（4）平水年方案 F4：与平水年方案 F1 相比，生活需水采用发展情景 1，其他因子均不发生变化。

（5）平水年方案 F5：与平水年方案 F4 相比，生态需水采用景观良好方案，其他因子均不发生变化。

（6）平水年方案 F6：与平水年方案 F4 相比，生态需水采用生态健康方案，其他因子均不发生变化。

（7）平水年方案 F7：与平水年方案 F4 相比，生活需水采用发展情景 2，其他因子均不发生变化。

（8）平水年方案 F8：与平水年方案 F7 相比，生态需水采用景观良好方案，其他因子均不发生变化。

（9）平水年方案 F9：与平水年方案 F8 相比，生态需水采用生态健康方案，其他因子均不发生变化。

（10）枯水年方案 F1：在平水年方案 F1 基础上，地表水采用枯水年水平，引黄供水采用枯水年水平，其他因子均不发生变化。

（11）枯水年方案 F2：与枯水年方案 F1 相比，生态需水采用景观良好方案，其他因子均不发生变化。

（12）枯水年方案 F3：与枯水年方案 F1 相比，生态需水采用生态健康方案，其他因子均不发生变化。

（13）枯水年方案 F4：与枯水年方案 F1 相比，生活需水采用发展情景 1，其他因子均不发生变化。

（14）枯水年方案 F5：与枯水年方案 F4 相比，生态需水采用景观良好方案，其他因子均不发生变化。

（15）枯水年方案 F6：与枯水年方案 F4 相比，生态需水采用生态健康方案，其他因子均不发生变化。

（16）枯水年方案 F7：与枯水年方案 F4 相比，生活需水采用发展情景 2，其他因子均不发生变化。

（17）枯水年方案 F8：与枯水年方案 F7 相比，生态需水采用景观良好方案，其他因子均不发生变化。

（18）枯水年方案 F9：与枯水年方案 F8 相比，生态需水采用生态健康方案，其他因子均不发生变化。

10.6 现状年北京水资源供需平衡分析

10.6.1 现状年水源及规划情况

2017 年地表可供水量为 3.57 亿 m³，地下可供水量为 17.74 亿 m³，再生水可供水量为 10.51 亿 m³，南水北调中线可供水量为 8.82 亿 m³。

10.6.2 现状年供需平衡分析

2017 年，北京市各区供需水平衡情况如表 10-3 所示。

在供水侧，全市供水总量为 38.46 亿 m³，其中，地下水供水量为 15.56 亿 m³，地表水供水量为 3.57 亿 m³，南水北调中线供水量为 8.82 亿 m³，再生水供水量为 10.51 亿 m³。

在需水侧，2017 年全市需水总量为 39.5 亿 m³，其中，生活用水量为 16.67 亿 m³，工业用水量为 3.77 亿 m³，农业用水量为 5.6 亿 m³；生态环境用水量为 13.46 亿 m³。

全市总计缺水量为 10.39 亿 m³，缺水区主要集中于人口密集的城六区和通州区，缺水量分别为 0.38 亿 m³ 和 0.66 亿 m³，分别占需水总量的 2.1% 和 16.0%。

表 10-3　北京市各区供需水平衡表（2017 年）　　　（单位：万 m³）

分区	需水	供水	缺水
昌平区	28 472	28 472	0
城六区	184 681	180 870	3 810
大兴区	44 411	44 411	0
房山区	30 502	30 502	0
怀柔区	10 204	10 204	0
门头沟区	5 812	5 812	0
密云区	9 058	9 058	0
平谷区	9 567	9 567	0
顺义区	24 994	24 994	0
通州区	41 198	34 619	6 578
延庆区	6 083	6 083	0
合计	394 982	384 592	10 388

10.7 未来平水年北京水资源供需平衡分析

10.7.1 未来水源及规划情况

以 2035 年作为规划年，未来平水年地表可供水量为 5.4 亿 m³，地下水实可供水量在生态修复目标初步修复、景观良好、生态健康下分别为 12.66 亿 m³、13.29 亿 m³ 与 13.66 亿 m³，南水北调中线可供水量为 10.5 亿 m³，再生水可供水量在基准情景、发展情景 1 与发展情景 2 下分别为 12 亿 m³、13.05 亿 m³ 以及 15.65 亿 m³。根据生活需水不同可分为基准情景，发展情景 1 和发展情景 2，每种情景根据生态需水不同可分为初步修复，景观良好，生态健康三种情景，共计 9 种情景。

10.7.2 基准情景供需平衡

1）生态初步修复方案

基准情景在供水侧，全市供水总量为 40.56 亿 m³，其中，地下水供水量为 12.66 亿 m³，地表水供水量为 5.4 亿 m³，再生水供水量为 12.0 亿 m³，南水北调中线供水量为 10.5 亿 m³。

在需水侧，全市需水总量为 43.78 亿 m³，其中，生活用水为 18.47 亿 m³，工业用水为 3.56 亿 m³，农业用水为 4 亿 m³，生态用水为 17.75 亿 m³。

水量供需平衡分析结果显示，在基准情景生态初步修复方案下，北京市生活、工业和农业用水量均不存在缺水的情况，缺水问题出现在生态用水，生态补水的缺水量为 3.21 亿 m³，其中城市生态和河道补水缺水量分别为 1.82 亿 m³ 和 1.39 亿 m³，河道补水量紧缺主要集中在北运河、潮白河和永定河水系（图 10-5）。

2）生态景观良好方案

基准情景在供水侧，全市供水总量为 41.19 亿 m³，其中，地下水供水量为 13.29 亿 m³，地表水供水量为 5.4 亿 m³，再生水供水量为 12.0 亿 m³，南水北调中线供水量为 10.5 亿 m³。

在需水侧，全市需水总量为 48.08 亿 m³，其中，生活用水量为 18.47 亿 m³，工业用水量为 3.56 亿 m³，农业用水量为 4 亿 m³，生态用水量为 22.05 亿 m³。

水量供需平衡分析结果显示，在基准情景生态景观良好方案下，全市总缺水量为 6.89

亿 m^3，缺水问题出现在生态用水，其中城市生态缺水 3.46 亿 m^3，河道补水缺水 3.43 亿 m^3（图 10-6）。

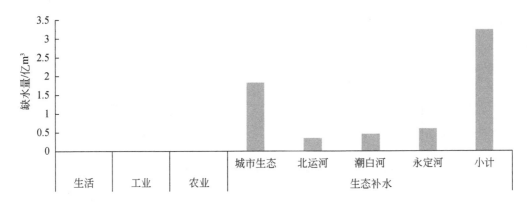

图 10-5　基准情景生态初步修复方案下北京市供需平衡结果

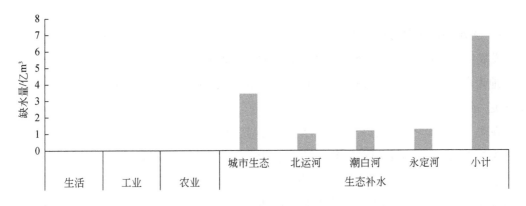

图 10-6　基准情景生态景观良好方案下北京市供需平衡结果

3）生态健康方案

基准情景在供水侧，全市供水总量为 41.56 亿 m^3，其中，地下水供水量为 13.66 亿 m^3，地表水供水量为 5.4 亿 m^3，再生水供水量为 12.0 亿 m^3，南水北调中线供水量为 10.5 亿 m^3。

在需水侧，全市需水总量 53.63 亿 m^3，其中，生活用水量为 18.47 亿 m^3，工业用水量为 3.56 亿 m^3，农业用水量为 4 亿 m^3，生态用水量为 27.6 亿 m^3。

水量供需平衡分析结果显示，在基准情景生态健康方案下，全市总缺水量为 12.07 亿 m^3，缺水问题出现在生态用水，其中城市生态缺水 5.95 亿 m^3，河道补水缺水 6.12 亿 m^3（图 10-7）。

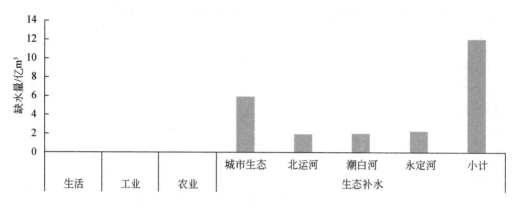

图 10-7　基准情景生态健康方案下北京市供需平衡结果

10.7.3　发展情景 1 供需平衡

1）生态初步修复方案

发展情景 1 在供水侧，全市供水总量为 41.61 亿 m³，其中，地下水供水量为 12.66 亿 m³，地表水供水量为 5.4 亿 m³，再生水供水量为 13.05 亿 m³，南水北调中线供水量为 10.5 亿 m³。

在需水侧，全市需水总量为 45.39 亿 m³，其中，生活用水量为 20.08 亿 m³，工业用水量为 3.56 亿 m³，农业用水量为 4 亿 m³；生态用水量为 17.75 亿 m³。

水量供需平衡分析结果显示，在发展情景 1 生态初步修复方案下，全市总缺水量为 3.78 亿 m³，缺水问题出现在生活新水需求和生态用水，其中生活新水缺水 1.61 亿 m³，城市生态缺水 1.23 亿 m³，河道补水缺水 0.94 亿 m³（图 10-8）。

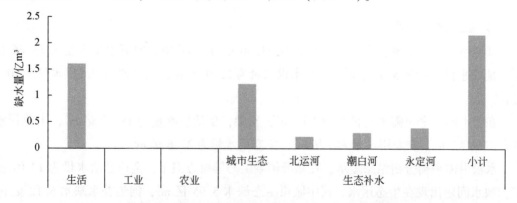

图 10-8　发展情景 1 生态初步修复方案下北京市供需平衡结果

2）生态景观良好方案

发展情景 1 在供水侧，全市供水总量为 42.24 亿 m³，其中，地下水供水量为 13.29 亿 m³，地表水供水量为 5.4 亿 m³，再生水供水量为 13.05 亿 m³，南水北调中线供水量为 10.5 亿 m³。

在需水侧，全市需水总量为 49.69 亿 m³，其中，生活用水量为 20.08 亿 m³，工业用水量为 3.56 亿 m³，农业用水量为 4 亿 m³，生态用水量为 22.05 亿 m³。

水量供需平衡分析结果显示，在发展情景 1 生态景观良好方案下，全市总缺水量为 7.45 亿 m³，缺水问题出现在生活新水需求和生态用水，其中生活新水缺水量为 1.61 亿 m³，城市生态缺水量为 2.93 亿 m³，河道补水缺水量为 2.91 亿 m³（图 10-9）。

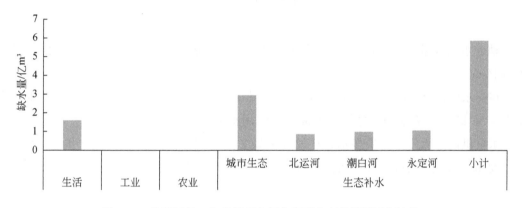

图 10-9　发展情景 1 生态景观良好方案下北京市供需平衡结果

3）水生态健康方案

发展情景 1 在供水侧，全市供水总量为 42.61 亿 m³，其中，地下水供水量为 13.66 亿 m³，地表水供水量为 5.4 亿 m³，再生水供水量为 13.05 亿 m³，南水北调中线供水量为 10.5 亿 m³。

在需水侧，全市需水总量为 55.24 亿 m³，其中，生活用水量为 20.08 亿 m³，工业用水量为 3.56 亿 m³，农业用水量为 4 亿 m³，生态用水量为 27.6 亿 m³。

水量供需平衡分析结果显示，在发展情景 1 生态健康方案下，全市总缺水量为 12.63 亿 m³，缺水问题出现在生活新水需求和生态用水，其中生活新水缺水 1.61 亿 m³，城市生态缺水 5.43 亿 m³，河道补水缺水 5.59 亿 m³（图 10-10）。

10.7.4　发展情景 2 供需平衡

1）生态初步修复方案

发展情景 2 在供水侧，全市供水总量为 44.21 亿 m³，其中，地下水供水量为 12.66 亿

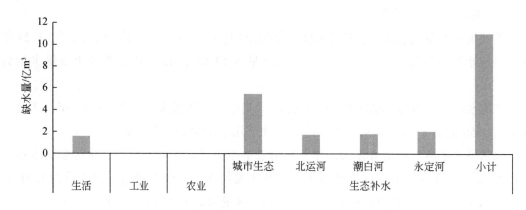

图 10-10　发展情景 1 生态健康方案下北京市供需平衡结果

m³，地表水供水量为 5.4 亿 m³，再生水供水量为 15.65 亿 m³，南水北调中线供水量为 10.5 亿 m³。

在需水侧，全市需水总量为 49.4 亿 m³，其中，生活用水量为 24.09 亿 m³，工业用水量为 3.56 亿 m³，农业用水量为 4 亿 m³；生态用水量为 17.75 亿 m³。

水量供需平衡分析结果显示，在发展情景 2 生态初步修复方案下，全市总缺水量为 5.62 亿 m³，缺水问题出现在生活新水需求，生活新水缺水 5.62 亿 m³（图 10-11）。

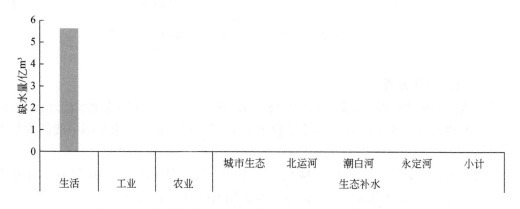

图 10-11　发展情景 2 生态初步修复方案下北京市供需平衡结果

2）生态景观良好方案

发展情景 2 在供水侧，全市供水总量为 44.84 亿 m³，其中，地下水供水量为 13.29 亿 m³，地表水供水量为 5.4 亿 m³，再生水供水量为 15.65 亿 m³，南水北调中线供水量为 10.5 亿 m³。

在需水侧，全市需水总量为 53.7 亿 m³，其中，生活用水量为 24.09 亿 m³，工业用水量为 3.56 亿 m³，农业用水量为 4 亿 m³，生态用水量为 22.05 亿 m³。

水量供需平衡分析结果显示，在发展情景 2 生态景观良好方案下，全市总缺水量为 8.85 亿 m³，缺水问题出现在生活新水需求和生态用水，其中生活新水缺水 5.62 亿 m³，城市生态缺水 1.62 亿 m³，河道补水缺水 1.61 亿 m³（图 10-12）。

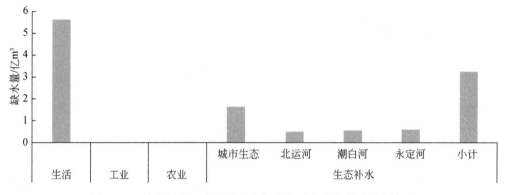

图 10-12　发展情景 2 生态景观良好方案下北京市供需平衡结果

3）生态健康方案

发展情景 2 供水侧，全市供水总量为 45.21 亿 m³，其中，地下水供水量为 13.66 亿 m³，地表水供水量为 5.4 亿 m³，再生水供水量为 15.65 亿 m³，南水北调中线供水量为 10.5 亿 m³。

在需水侧，全市需水总量为 59.25 亿 m³，其中，生活用水量为 24.09 亿 m³，工业用水量为 3.56 亿 m³，农业用水量为 4 亿 m³，生态用水量为 27.6 亿 m³。

水量供需平衡分析结果显示，在发展情景 2 生态健康方案下，全市总缺水量为 14.04 亿 m³，缺水问题出现在生活新水需求和生态用水，其中生活新水缺水 5.62 亿 m³，城市生态缺水 4.15 亿 m³，河道补水缺水 4.27 亿 m³（图 10-13）。

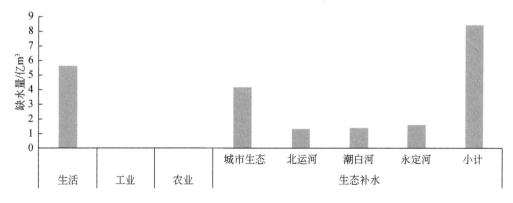

图 10-13　发展情景 2 生态健康方案下北京市供需平衡结果

10.8 未来枯水年北京水资源供需平衡分析

10.8.1 未来水源及规划情况

未来枯水年地表可供水量为 3.8 亿 m^3，地下水实可供水量在生态修复目标初步修复、景观良好、生态健康下分别为 12.66 亿 m^3、13.29 亿 m^3 与 13.66 亿 m^3，南水北调中线可供水量为 9.5 亿 m^3，再生水可供水量在基准情景、发展情景 1 与发展情景 2 下分别为 12 亿 m^3、13.05 亿 m^3 以及 15.65 亿 m^3。根据生活需水不同可分为基准情景、发展情景 1 和发展情景 2，每种情景根据生态需水不同可分为初步修复，景观良好，生态健康三种情景，共计 9 种情景。

10.8.2 基准情景供需平衡

1）生态初步修复方案

基准情景在供水侧，全市供水总量为 37.96 亿 m^3，其中，地下水供水量为 12.66 亿 m^3，地表水供水量为 3.8 亿 m^3，再生水供水量为 12.0 亿 m^3，南水北调中线供水量为 9.5 亿 m^3。

在需水侧，全市需水总量为 43.78 亿 m^3，其中，生活用水量为 18.47 亿 m^3，工业用水量为 3.56 亿 m^3，农业用水量为 4 亿 m^3，生态用水量为 17.75 亿 m^3。

水量供需平衡分析结果显示，在基准情景生态初步修复方案下，全市总缺水量为 5.82 亿 m^3，缺水问题出现在生态用水，其中城市生态缺水 3.3 亿 m^3，河道补水缺水 2.52 亿 m^3（图 10-14）。

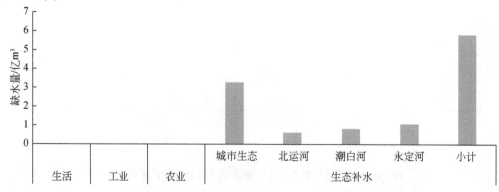

图 10-14 基准情景生态初步修复方案下北京市供需平衡结果

2）生态景观良好方案

基准情景在供水侧，全市供水总量为 38.59 亿 m³，其中，地下水供水量为 13.29 亿 m³，地表水供水量为 3.8 亿 m³，再生水供水量为 12.0 亿 m³，南水北调中线供水量为 9.5 亿 m³。

在需水侧，全市需水总量为 48.08 亿 m³，其中，生活用水量为 18.47 亿 m³，工业用水量为 3.56 亿 m³，农业用水量为 4 亿 m³，生态用水量为 22.05 亿 m³。

水量供需平衡分析结果显示，在基准情景生态景观良好方案下，全市总缺水量为 9.49 亿 m³，缺水问题出现在生态用水，其中城市生态缺水 4.76 亿 m³，河道补水缺水 4.73 亿 m³（图 10-15）。

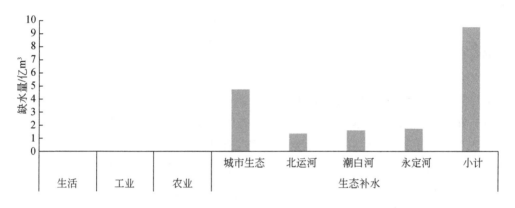

图 10-15　基准情景生态景观良好方案下北京市供需平衡结果

3）生态健康方案

基准情景在供水侧，全市供水总量为 38.96 亿 m³，其中，地下水供水量为 13.66 亿 m³，地表水供水量为 3.8 亿 m³，再生水供水量为 12.0 亿 m³，南水北调中线供水量为 9.5 亿 m³。

在需水侧，全市需水总量为 53.63 亿 m³，其中，生活用水量为 18.47 亿 m³，工业用水量为 3.56 亿 m³，农业用水量为 4 亿 m³，生态用水量为 27.6 亿 m³。

水量供需平衡分析结果显示，在基准情景生态健康方案下，全市总缺水量为 14.66 亿 m³，缺水问题出现在生态用水，其中城市生态缺水 7.23 亿 m³，河道补水缺水 7.43 亿 m³（图 10-16）。

10.8.3　发展情景 1 供需平衡

1）生态初步修复方案

发展情景 1 在供水侧，全市供水总量为 39.01 亿 m³，其中，地下水供水量为 12.66 亿

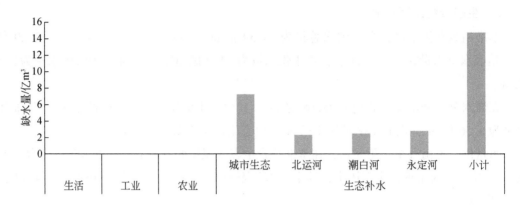

图 10-16　基准情景生态健康方案下北京市供需平衡结果

m³，地表水供水量为 3.8 亿 m³，再生水供水量为 13.05 亿 m³，南水北调中线供水量为 9.5 亿 m³。

在需水侧，全市需水总量为 45.39 亿 m³，其中，生活用水量为 20.08 亿 m³，工业用水量为 3.56 亿 m³，农业用水量为 4 亿 m³，生态用水量为 17.75 亿 m³。

水量供需平衡分析结果显示，在发展情景 1 生态初步修复方案下，全市总缺水量为 6.38 亿 m³，缺水问题出现在生活新水需求和生态用水，其中生活新水缺水 1.61 亿 m³，城市生态缺水 2.7 亿 m³，河道补水缺水 2.07 亿 m³（图 10-17）。

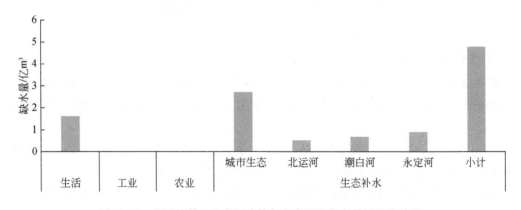

图 10-17　发展情景 1 生态初步修复方案下北京市供需平衡结果

2）生态景观良好方案

发展情景 1 在供水侧，全市供水总量为 39.64 亿 m³，其中，地下水供水量为 13.29 亿 m³，地表水供水量为 3.8 亿 m³，再生水供水量为 13.05 亿 m³，南水北调中线供水量为 9.5 亿 m³。

在需水侧，全市需水总量为 49.69 亿 m³，其中，生活用水量为 20.08 亿 m³，工业用水量为 3.56 亿 m³，农业用水量为 4 亿 m³，生态用水量为 22.05 亿 m³。

水量供需平衡分析结果显示，在发展情景 1 生态景观良好方案下，全市总缺水量为 10.06 亿 m³，缺水问题出现在生活新水需求和生态用水，其中生活新水缺水 1.61 亿 m³，城市生态缺水 4.24 亿 m³，河道补水缺水 4.21 亿 m³（图 10-18）。

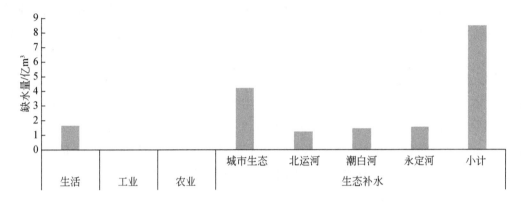

图 10-18　发展情景 1 生态景观良好方案下北京市供需平衡结果

3）生态健康方案

发展情景 1 在供水侧，全市供水总量为 40.01 亿 m³，其中，地下水供水量为 13.66 亿 m³，地表水供水量为 3.8 亿 m³，再生水供水量为 13.05 亿 m³，南水北调中线供水量为 9.5 亿 m³。

在需水侧，全市需水总量为 55.24 亿 m³，其中，生活用水量为 20.08 亿 m³，工业用水量为 3.56 亿 m³，农业用水量为 4 亿 m³，生态用水量为 27.6 亿 m³。

水量供需平衡分析结果显示，在发展情景 1 生态健康方案下，全市总缺水量为 15.23 亿 m³，缺水问题出现在生活新水需求和生态用水，其中生活新水缺水 1.61 亿 m³，城市生态缺水 6.72 亿 m³，河道补水缺水 6.9 亿 m³（图 10-19）。

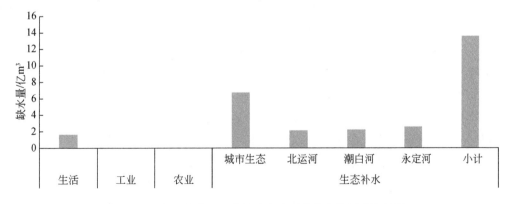

图 10-19　发展情景 1 生态健康方案下北京市供需平衡结果

10.8.4 发展情景2供需平衡

1) 生态初步修复方案

发展情景2在供水侧，全市供水总量为41.61亿 m³，其中，地下水供水量为12.66亿 m³，地表水供水量为3.8亿 m³，再生水供水量为15.65亿 m³，南水北调中线供水量为9.5亿 m³。

在需水侧，全市需水总量为49.4亿 m³，其中，生活用水量为24.09亿 m³，工业用水量为3.56亿 m³，农业用水量为4亿 m³，生态用水量为17.75亿 m³。

水量供需平衡分析结果显示，在发展情景2生态初步修复方案下，全市总缺水量为7.79亿 m³，缺水问题出现在生活新水需求和生态用水，生活新水缺水5.62亿 m³，城市生态缺水1.23亿 m³，河道补水缺水0.94亿 m³（图10-20）。

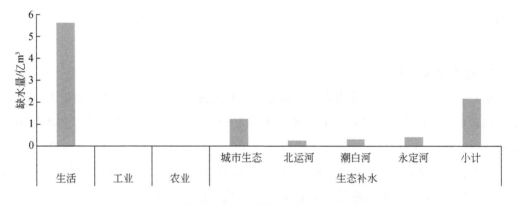

图10-20　发展情景2生态初步修复方案下北京市供需平衡结果

2) 生态景观良好方案

发展情景2在供水侧，全市供水总量为42.24亿 m³，其中，地下水供水量为13.29亿 m³，地表水供水量为3.8亿 m³，再生水供水量为15.65亿 m³，南水北调中线供水量为9.5亿 m³。

在需水侧，全市需水总量为53.7亿 m³，其中，生活用水量为24.09亿 m³，工业用水量为3.56亿 m³，农业用水量为4亿 m³，生态用水量为22.05亿 m³。

水量供需平衡分析结果显示，在发展情景2生态景观良好方案下，全市总缺水量为11.46亿 m³，缺水问题出现在生活新水需求和生态用水，其中生活新水缺水5.62亿 m³，城市生态缺水2.93亿 m³，河道补水缺水2.91亿 m³（图10-21）。

3) 生态健康方案

发展情景2供水侧，全市供水总量为42.61亿 m³，其中，地下水供水量为13.66亿

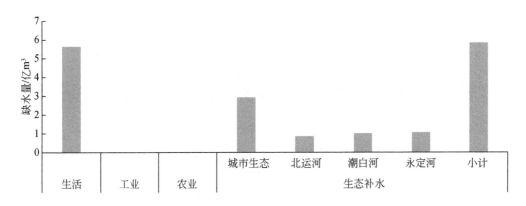

图 10-21　发展情景 2 生态景观良好方案下北京市供需平衡结果

m³，地表水供水量为 3.8 亿 m³，再生水供水量为 15.65 亿 m³，南水北调中线供水量为 9.5 亿 m³。

在需水侧，全市需水总量为 59.25 亿 m³，其中，生活用水量为 24.09 亿 m³，工业用水量为 3.56 亿 m³，农业用水量为 4 亿 m³，生态用水量为 27.6 亿 m³。

水量供需平衡分析结果显示，在发展情景 2 生态健康方案下，全市总缺水量为 16.64 亿 m³，缺水问题出现在生活新水需求和生态用水，其中生活新水缺水 5.62 亿 m³，城市生态缺水 5.43 亿 m³，河道补水缺水 5.58 亿 m³（图 10-22）。

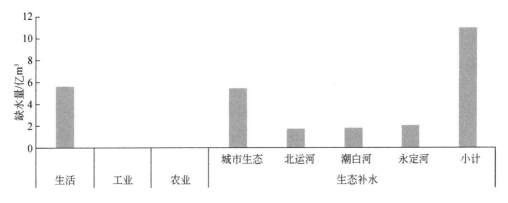

图 10-22　发展情景 2 生态健康方案下北京市供需平衡结果

第 11 章 南水北调东线需求与方案研究

南水北调工程是实现我国水资源优化配置、促进经济社会可持续发展、保障和改善民生的重大战略性基础设施。南水北调东线和中线一期工程分别于 2013 年和 2014 年通水，工程运行以来发挥了巨大效益。南水北调中线后续重点是实施引江补汉工程和一期总干渠扩容挖潜，中线多年平均调水量将从 95 亿 m³ 增加到 115 亿 m³，预计北京可以增加的中线分配水量是有限的，水资源短缺问题依然无法得到根本解决。在此背景下，开展南水北调东线需求与方案研究，加快推进东线后续工程向北京延伸，发挥东线水源稳定、水量充沛的优势，是支撑北京实现建设国际一流和谐宜居之都必要的战略措施。

11.1 东线后续工程调水规模分析

（1）北京要实现 2035 年初步建成国际一流的和谐宜居之都的规划目标，还面临着 6.89 亿 ~ 12.07 亿 m³（生态健康）的供水缺口。对首都水资源安全保障总体形势分析及水资源配置结果表明，一方面本地地表水资源量急剧衰减，非常规水利用规模决定了本地水资源的开源潜力极为有限；另一方面，刚性用水需求持续增加、地下水超采治理任重道远和河湖生态水量严重亏缺的现状决定了未来对水资源的增量需求仍十分强烈。

（2）综合考虑中线扩容、海水淡化、引黄调水等多种措施，东线后续工程的建设仍是十分必要的。就目前来看，能为京津冀水资源提供增量的主要就是南水北调中线和东线后续工程。到 2035 年，南水北调中线已通水 20 年，调水沿线各省市用水达到设计规模；北京市由于缺少中线在线调蓄水库，密云水库调蓄又受输水渠道输水能力限制，现有工程不具备多年调节能力；北京市作为中线的末端，进京来水过程年内年际波动加大。同时，南水北调中线后续工程与东线相比，存在丹江口水库水源不足的制约性问题。由于汉江上游引汉济渭已于 2019 年通水，丹江口水库来水量大幅衰减，引江济汉工程短时期很难上马等因素，决定了南水北调中线后续工程的潜力将十分有限（赵勇等，2022）。

（3）东线后续工程建设条件相对成熟，具备较高可行性。一是水量充足。东线工程在长江下游取水，沿线串联了多个自然湖泊和大型调蓄水库，水量有保障。二是水质达标。沿输水干线排污口已于 2012 年底全部关闭，水质明显改善，总体达到地表水 III 类水体，36 个水质考核断面自 2012 年 11 月至今持续实现全达标，能满足城市生活、工业和生态环境的供水要求。三是调水稳定，工程整体调蓄能力强。

（4）面向建设国际一流的和谐宜居之都目标，建议东线按向北京市年供水 7.5 亿 m³ ~ 10.7 亿 m³ 规模考虑。从测算结果看（表 11-1，表 11-2），对应不同的保障情景和目标，未来东线水的需求量为 5.49 亿 m³（景观良好目标）~ 10.7 亿 m³（生态健康目标）。在 10.7 亿 m³ 调水规模下，供水安全系数达到 1.3，人均可用水资源量达到 233 m³，永定河、北运河、潮白河等主要河流恢复健康水平，形成流域相济、多线连通、多层循环、生态健康的水网体系。自然水域、湿地等蓝色空间得到一定程度恢复。到 2050 年，部分泉水恢复出流，主要回补区地下水位恢复到 20 世纪 80 年代水平。

表 11-1 平水年二次平衡测算结果

配置情景		一次平衡缺水量	二次平衡	
人口	生态	/亿 m³	引黄及上游新增/亿 m³	需东线水量/亿 m³
基准情景 2300 万人	初步修复	3.22	1.40	1.82
	景观良好	6.89	1.40	5.49
	生态健康	12.07	1.40	10.67
发展情景 2500 万人	初步修复	3.78	1.40	2.38
	景观良好	7.45	1.40	6.05
	生态健康	12.63	1.40	11.23
发展情景 3000 万人	初步修复	5.62	1.40	4.22
	景观良好	8.86	1.40	7.46
	生态健康	14.04	1.40	12.64

表 11-2 枯水年二次平衡测算结果

配置情景		一次平衡缺水量	二次平衡	
人口	生态	/亿 m³	引黄及上游新增/亿 m³	需东线水量/亿 m³
基准情景 2300 万人	初步修复	5.82	1.00	4.82
	景观良好	9.49	1.00	8.49
	生态健康	14.67	1.00	13.67
发展情景 2500 万人	初步修复	6.38	1.00	5.38
	景观良好	10.05	1.00	9.05
	生态健康	15.23	1.00	14.23
发展情景 3000 万人	初步修复	7.79	1.00	6.79
	景观良好	11.46	1.00	10.46
	生态健康	16.64	1.00	15.64

11.2 东线后续工程供水方案研究

（1）要最大程度发挥东线后续工程效益，需要统筹考虑东线后续工程向首都供水方案。就北京市而言，东线后续工程布局主要面临三方面问题：一是北京市内调蓄空间不足，受调水沿线河道防洪等任务影响，目前东线工程南四湖及其以北线路汛期 4 个月不调水（现正在研究全年调水方案），北京市内现状有可能供东线调蓄的水库主要是怀柔水库、三家店水库和规划建设的陈家庄水库，库容较为有限；二是东线调水的水质为Ⅲ类，低于目前北京市境内一环供水管网的Ⅱ类水源，东线水进京后与现状利用的水质不同；三是北京市未来用水增长点主要在河湖生态修复和地下水位恢复，涉及范围广大。因此，需要统筹考虑东线后续工程向首都供水方案，既满足总的水量需求，又能充分提高供水保障率；既保障充分利用外调水，又不降低本地用水品质；既有利于河湖生态修复和地下水位恢复，又具有较好的经济性。

（2）按照优水优用原则，东线水主要配置给生态修复和地下水位恢复。北京市现有外调水源中线水为Ⅱ类水，而东线外调水规划为Ⅲ类水。考虑东线水质比中线水质略差，生活用水可优先使用南水北调中线水，生态环境用水大部分可利用南水北调东线水。据此，按 10.7 亿 m³ 调水规模测算，东线水进京后，原本中线（或密云水库）配置给生态环境的约 1 亿 m³ 水量置换由东线供给。置换该部分水量后扣除本地水及再生水供给，再由东线配置给河湖补水约 5.5 亿～8.7 亿 m³，其余 1 亿 m³ 作为生活、工业补充水源。

（3）东线北延进京工程线路基于北京市经济社会发展布局，生活工业、河湖生态补水需求及现有供水工程综合确定。北京市境内现有一环供水管网、中线进京沿线水厂、计划开工的河西支线具备配置、消纳南水北调中线一期 10.5 亿 m³ 的能力。北京市正规划沿六环新建河西干线、南干渠二期、东干渠二期，形成第二条输水环路，在东侧与京密引水渠相接。在两条输水环路之间，有通州支线、大兴支线、东水西调工程等支线纵横连接。第二条输水环路完工后主要为郊区送水，解决郊区水厂落后、长期超采地下水的问题。

起点可选为原规划终点天津九宣闸，由九宣闸向北通过管道进京，接入第二输水环路。东线供给的生活工业用水在城市东部和通州副中心，东部的怀柔水库现已具备中线调水和密云水库水调配枢纽的功能，考虑遇中线或东线停水时互为备用，东部终点可选怀柔水库；生态环境用水结合境内西高东低的地形条件，可集中输送至西部永定河、三家店枢纽，大部分直接供给西部永定河生态环境和回补西郊地下水源地，小部分由西向东沿现状河湖自流解决中心城河湖和东部通州副中心生态环境用水。

（4）通过第一、二输水环路水源联合调度，有效提高北京市外调水多源保障能力。在正常情况下，一、二环线具备将中、东线水源配置到用户的能力，即以一环线及河西支线配置南水北调中线水供城市生活和工业为主，余水送入密云水库调蓄备用；二环线配置南水北调东线水，以生态环境用水为主，适量补充生活和工业，形成以密云水库和密怀顺水源地作为战略备用水源，实现年内、年际调节。

当一、二环线的中线或东线一条线路全线停水时，以启用密云水库和密怀顺水源地备用为主，东、中线互为备用为辅，通过联合调度均可实现北京市安全、应急供水。

参 考 文 献

北京市地方志编纂委员会. 2000. 北京志·水利志. 北京：北京出版社.

北京市统计局. 2021. 北京市统计年鉴. 北京：中国统计出版社.

陈丽华, 余新晓, 王礼先. 2002. 北京市生态用水的计算. 水土保持学报, (4)：116-118.

陈伟. 2023. 海绵城市理念在市政给排水设计中的应用. 工程建设与设计, (5)：95-97.

褚俊英, 桑学锋, 严子奇, 等. 2016. 水资源开发利用总量控制的理论、模式与路径探索. 节水灌溉, 6：85-89.

国家统计局. 2013. 中国统计年鉴2013. 北京：中国统计出版社.

贺国平, 周东, 杨忠山, 等. 2005. 北京市平原区地下水资源开采现状及评价. 水文地质工程地质, (2)：45-48.

华金玉. 2022. 北京市地质灾害防治工作探析. 城市地质, 17 (1)：8-12.

焦志忠. 2008. 为奥运盛会提供安全可靠水资源保障. 北京水务, (1)：1-3.

李鹏, 许海丽, 潘云, 等. 2017. 北京市平原区地下水补给量计算方法对比研究. 水文, 37 (2)：31-35.

刘家宏, 王浩, 高学睿, 等. 2014. 城市水文学研究综述. 科学通报, 59 (36)：3581-3590.

刘明坤, 寇文杰, 罗勇, 等. 2016. 北京市地面沉降与地下水开采关系分析. 城市地质, 11 (1)：21-25.

刘洋, 李丽娟. 2019. 京津冀地区产业结构和用水结构变动关系. 南水北调与水利科技, 17 (2)：1-9.

陆垂裕, 吴初, 何鑫, 等. 2022. 浅议地下水模型对地下水管理和保护的技术支撑. 中国水利, (7)：45-47, 44.

马黎, 汪党献. 2008. 我国缺水风险分布状况及其对策. 中国水利水电科学研究院学报, (2)：131-135, 143.

聂青云, 赵振宇, 郭润凡. 2022. 基于能源承载力的区域发展路径模拟——以北京市为例. 生态经济, 38 (5)：98-106.

潘俊杰. 2021. 南水北调时代北京重大供水安全风险防范的对策建议. 城镇供水, (2)：115-120, 86.

乔玲. 2018. 北京市雨水排蓄地下廊道建设地质适宜性研究. 水利科学与寒区工程, 1 (5)：1-4.

任杲, 宋迎昌, 蒋金星. 2019. 改革开放40年中国城市化进程研究. 宁夏社会科学, (1)：23-31.

孙佳珺, 孟勇琦, 赵帅. 2019. 基于钻孔资料的北京平原区第四纪地层分析. 中国矿业, 28 (S1)：107-110.

孙婷. 2023. 中国近40年城市化发展主导战略与实践反思. 岭南学刊, (1)：19-27.

孙艳伟, 魏晓妹. 2011. 低影响发展的雨洪资源调控措施研究现状与展望. 水科学进展, 22 (2)：287-293.

万文华, 尹骏翰, 赵建世, 等. 2016. 南水北调条件下北京市供水可持续评价. 南水北调与水利科技, 14

（2）：62-69.

万育生，靳顶．2001．浅谈北京水资源问题应急对策．中国水利，（7）：56-57.

王浩，褚俊英，栾清华，等．2016．海河流域城市水循环模式．北京：科学出版社．

王浩，贾仰文．2016．变化中的流域"自然–社会"二元水循环理论与研究方法．水利学报，47（10）：
    1219-1226.

王莉蛟，张有全，宫辉力，等．2016．北京市玉泉山泉恢复条件研究．水文地质工程地质，43（3）：
    22-28.

王睿，左剑恶，张宇，等．2020．北京通州区主要河道水质分析及综合评价．给水排水，56（S1）：724-
    728，736.

王文．2022．城市雨水资源化利用分析．中国资源综合利用，40（4）：100-101，105.

王玉洁，周波涛，任玉玉，等．2016．全球气候变化对我国气候安全影响的思考．应用气象学报，27
    （6）：750-758.

谢映霞．2013．从城市内涝灾害频发看排水规划的发展趋势．城市规划，37（2）：45-50.

颜昌远．1999．兴利除害，水惠京华．北京水利，（5）：1-3.

杨舒媛，魏保义，王军，等．2016．"以水四定"方法初探及在北京的应用．北京规划建设，（3）：
    100-103.

杨毓桐．2009．北京市近郊锶型矿泉水带的发现．城市地质，4（3）：43-46.

余晓蕾．2019．绿色经济发展背景下城市综合污水防治措施分析．产业创新研究，（1）：84-85.

张福存，安永会，姚秀菊．2002．地下水调蓄及其在南水北调工程中的意义．南水北调与水利科技，（6）：
    15-17.

张建云，宋晓猛，王国庆，等．2014．变化环境下城市水文学的发展与挑战 I. 城市水文效应．水科学进
    展，25（4）：595-605.

张楠．2022．京津冀协同视域下生态补偿的制度研究．河北开放大学学报，27（6）：46-50.

张伟，王翔．2020．基于海绵城市理念的慈城新城排水安全系统构建．中国给水排水，36（14）：12-17.

章树安，黎明，窦艳兵，等．2012．北京市平原区地下水流动数值模型应用研究．水文，32（6）：21-27.

赵微，赵文吉，张志峰．2004．北京浅层地下水的变化特征与可持续利用．首都师范大学学报（自然科学
    版），（3）：92-95.

赵勇，何凡，王庆明，等．2022．南水北调东线工程黄河以北线路优化构想．中国工程科学，24（5）：
    107-115.

中国城镇供水排水协会．2014．城镇排水统计年鉴2014.

中华人民共和国水利部．2017．中国水资源公报（2017）．北京：中国水利水电出版社．

朱晨东．2008．论北京的5次水资源战略部署．北京水务，（5）：1-3.

Chu J Y, Wang J H, Wang C. 2015. A structure-efficiency based performance evaluation of the urban water cycle
    in northern china and its policy. Resources, Conservation & Recycling, 104：1-11.

United Nations PopulationDivision, 2012. World Urbanization Prospects：The 2011 Revision. New York：UN.